红松营养生长与生殖生长转换中植物激素动态研究

史绍林　夏祥友●著

黑龙江大学出版社
HEILONGJIANG UNIVERSITY PRESS
哈尔滨

图书在版编目（CIP）数据

红松营养生长与生殖生长转换中植物激素动态研究 /
史绍林，夏祥友著 . -- 哈尔滨 ：黑龙江大学出版社，
2023.7
ISBN 978-7-5686-0962-3

Ⅰ . ①红… Ⅱ . ①史… ②夏… Ⅲ . ①红松－植物激
素－研究 Ⅳ . ① S791.247

中国国家版本馆 CIP 数据核字（2023）第 048922 号

红松营养生长与生殖生长转换中植物激素动态研究
HONGSONG YINGYANG SHENGZHANG YU SHENGZHI SHENGZHANG ZHUANHUAN ZHONG ZHIWU
JISU DONGTAI YANJIU
史绍林　夏祥友　著

责任编辑　高　媛
出版发行　黑龙江大学出版社
地　　址　哈尔滨市南岗区学府三道街 36 号
印　　刷　北京虎彩文化传播有限公司
开　　本　720 毫米 ×1000 毫米　1/16
印　　张　12.75
字　　数　209 千
版　　次　2023 年 7 月第 1 版
印　　次　2023 年 7 月第 1 次印刷
书　　号　ISBN 978-7-5686-0962-3
定　　价　52.00 元

本书如有印装错误请与本社联系更换，联系电话：0451-86608666。

前　　言

　　红松(*Pinus koraiensis* Sieb. et Zucc.)是温带地带性顶极群落——红松阔叶林的建群树种,是我国及东亚地区极其重要的优质珍贵用材树种和坚果树种。红松种子产业已成为林业新的经济增长点,是今后林业资源和经济发展的主导产业。但红松具有漫长的营养生长阶段,这严重影响其经济效益和遗传改良进程。在这样的背景下,促进红松开花结实等方面的研究日益成为研究热点。由于红松营养生长阶段过于漫长,很难调动广大林农通过播种—育苗—繁殖—培育—采摘这样的方式获取松子的积极性,尽管常规的方法包括良种选育、嫁接、施肥等能在一定程度上促进红松提早开花结实,但其内在机制研究仍然没有突破。关于植物开花,从20世纪50年代开始就有光周期学说、C/N学说、阶段发育学说、开花激素学说等众多学说和理论,但针叶树的开花结实、缩短结实周期等研究较为落后,这可能与林业管理和本身研究难度大有关。

　　本书的研究根据红松具有顶端结实现象、分叉促进结实现象、嫁接缩短结实周期现象等,从内源激素的角度分析这些现象之间的本质联系,探索红松从营养生长到生殖生长之间的转换过程中内源激素的含量变化和各激素平衡规律,为调控红松提早结束营养生长,实现早花早果提供理论依据。本书在理论上寻求红松从营养生长到生殖生长之间的转换过程中内源激素的含量变化和各激素平衡规律,鉴定球花发育表达基因,期望为红松生殖调控提供理论依据;在实践中通过本书的研究可以在一定程度上推进红松产业快速发展,实现松子丰产增收,满足市场需求。特别是对东北林区产业结构调整、发展林区经济、改善林区居民生活水平、指导红松生产实际具有重要意义。

　　本书分为7章。第1章主要介绍植物营养生长与生殖生长的研究进展;第

2 章介绍红松不同发育阶段个体内源激素含量的变化;第 3 章介绍红松顶芽内源激素含量的垂直分异特征;第 4 章介绍嫁接对红松内源激素含量变化的影响;第 5 章介绍截顶对红松内源激素含量变化的影响;第 6 章介绍外源 GA4/GA7 对红松提早结实的影响;第 7 章介绍红松营养生长向生殖生长转换的转录组分析。齐齐哈尔大学史绍林负责本书第 2 章至第 4 章、第 7 章、部分附录的撰写,共计 15.6 万字;东北林业大学夏祥友负责本书第 1 章、第 5 章、第 6 章及部分附录的撰写,共计 5.3 万字。本书的撰写和出版得到了黑龙江省自然科学基金资助项目(LH2021C082)、齐齐哈尔大学博士科研启动金(13041221024)支持。

由于笔者水平有限,书中错误与缺点在所难免,敬请广大读者批评指正。

史绍林　夏祥友
2023 年 2 月

目　　录

1　绪论 ……………………………………………………… 1

　　1.1　引言 ……………………………………………… 3

　　1.2　植物营养生长与生殖生长的关系 ………………… 3

　　1.3　影响植物营养生长与生殖生长的因素 …………… 5

　　1.4　红松营养生长与生殖生长研究概述 ……………… 9

　　1.5　本书研究的目的与意义 …………………………… 12

　　1.6　拟解决的科学问题 ………………………………… 13

2　红松不同发育阶段个体内源激素含量的变化 ………… 15

　　2.1　材料与方法 ………………………………………… 17

　　2.2　结果与分析 ………………………………………… 19

　　2.3　讨论 ………………………………………………… 30

　　2.4　本章小结 …………………………………………… 32

3　红松顶芽内源激素含量的垂直分异特征 ……………… 35

　　3.1　材料与方法 ………………………………………… 37

　　3.2　结果与分析 ………………………………………… 38

　　3.3　讨论 ………………………………………………… 45

　　3.4　本章小结 …………………………………………… 48

4 嫁接对红松内源激素含量变化的影响 ………………………… 49

    4.1 材料与方法 ………………………………………………… 51

    4.2 结果与分析 ………………………………………………… 53

    4.3 讨论 ………………………………………………………… 65

    4.4 本章小结 …………………………………………………… 67

5 截顶对红松内源激素含量变化的影响 ………………………… 69

    5.1 材料与方法 ………………………………………………… 71

    5.2 结果与分析 ………………………………………………… 72

    5.3 讨论 ………………………………………………………… 82

    5.4 本章小结 …………………………………………………… 84

6 外源 GA4/GA7 对红松提早结实的影响 ……………………… 85

    6.1 材料与方法 ………………………………………………… 88

    6.2 结果与分析 ………………………………………………… 89

    6.3 讨论 ………………………………………………………… 92

    6.4 本章小结 …………………………………………………… 94

7 红松营养生长向生殖生长转换的转录组分析 ………………… 95

    7.1 材料与方法 ………………………………………………… 97

    7.2 结果与分析 ………………………………………………… 103

    7.3 讨论 ………………………………………………………… 134

    7.4 本章小结 …………………………………………………… 136

结论 ……………………………………………………………… 137

附录 ……………………………………………………………… 143

    附录 1 ………………………………………………………… 145

    附录 2 ………………………………………………………… 149

参考文献 ………………………………………………………… 171

1 绪论

1.1　引言

红松是温带地带性顶极群落——红松阔叶林的建群树种,同时是我国乃至东亚地区极其重要的珍贵优质用材树种和坚果树种,松子(松仁)产业已成为林业新的经济增长点,是未来林业资源和经济发展的主导产业。推动红松产业快速发展,建设高产、高效红松种子生产基地,实现种子丰产增收,满足市场需求,是当前林业工作重点需要解决的问题。因此发展红松果材兼用林对发展林区资源、调整林区产业结构、发展林区经济、改善林区人民生活等都有着十分重要的意义。但是红松结实是一个十分复杂的自然现象,它既有本身的内在规律,同时又受到各种外界因素的影响,内外因相互作用,情况错综复杂。

1.2　植物营养生长与生殖生长的关系

作为木本植物生长过程中的两个时期,营养生长期和生殖生长期虽不相同但又密切相关。营养生长是指营养器官的生长,即根、茎、叶等,生殖生长则指花、果实、种子等生殖器官的生长。这两个时期既相互制约,又相互依存。人们可以根据植物的自然生长规律,结合对收获器官的需求,调控植物体生长和发育,提高植物经济产量,使之向利于需求的方向发展。

植物体是由多种器官构成的,各个器官之间的生长构成了植物的整体生长。而植物器官的生长并不是独立单一的,而是相互依赖促进的,按研究角度不同,可分为根与地上部分、主茎与侧枝、营养生长与生殖生长等方面。其中以植物营养生长与生殖生长的相关性较为重要,对生产经济性具有重要的影响。

植物的营养生长是生殖生长的基础和前提。根从土壤中吸收植物生长所必需的矿质元素和水;叶进行光合作用合成有机物为生殖生长提供基础原料和能量;茎可作为同化物合成的中间库,并主要作为运输的通道将物质输送到生殖器官,供生殖体进行生长。而植物生殖长则在不同阶段对营养生长起着不同作用。在开花结果时期,由于生殖体也需要有机产物,所以使营养生长受到一定影响,但在植物受精、坐果过程中,发育种子合成的大量生长激素也会对植物的营养生长产生刺激作用。同时生殖生长产生的种子贮存了大量的营养物质，为下一代前期的营养生长提供充足的物质条件，这也间接地促进了植物的营养生长。

营养生长与生殖生长之间的权衡是植物生活史理论的基础。植物生活史理论认为营养生长与生殖生长之间存在的权衡关系为负耦合关系。植物生活史理论又以生态学和进化生物学为理论基础，认为生物需要从环境中获取的资源是有限的，植物从环境中获得的资源用于生长、繁殖以及存活。植物为了获得最大的后代数目，依赖于生殖生长和营养生长之间的权衡关系。当植物需要在生长发育方面的功能增加时，需要减少繁殖方面的功能；相反，当需要在生殖方面的功能增加时，则需要减少营养生长方面的功能。生物量的分配格局决定了植物营养生长与生殖生长之间的竞争，也反映了植物本身在自然界的竞争能力。资源利用假说认为植物的生殖对策取决于生物环境中可利用的资源，当生物环境中可利用的资源缺乏时，植物采用营养生长来获取繁殖能力。其中一个过程的分配是以牺牲另一个过程的分配为代价的。

植物各器官之间如何利用这些有限的资源进行在营养生长与生殖生长转换过程中的各种权衡是植物生活史权衡的重点。之前的研究绝大部分支持营养生长与生殖生长之间的负耦合关系，也有研究发现营养生长与生殖生长不是简单的"此消彼长"的负耦合关系。当植物处在资源较为丰富的环境中时，其光合总量大、产物多，在生长发育方面投入的资源较多，所以所处生物环境的不同致使植物生长、繁殖之间产生不同的权衡关系。有研究认为，营养生长与生殖生长甚至是正相关的，也有研究认为营养生长和生殖生长无权衡关系。基于生长-生殖、生殖-生存的权衡理论，Klinger 等人就营养生长与生殖生长的关系提出：(1)植物只有获得一定的阈值后才能够生殖。这个观点也得到其他学者的支持。(2)由于资源的分割，植物在生殖生长开始时，营养生长下降或者停止。例如在果树中，坐果后进入果实迅速生长期，果实与种子发育迅速，所需养分激增，消耗过大，甚至导致植物的快速衰老或直接死亡。

1.3 影响植物营养生长与生殖生长的因素

影响植物营养生长和生殖生长的因素包括基因、环境、激素三个层面,这些因素相互作用、相互协调,组成一个复杂的网络,协同调控植物营养生长与生殖生长。与此同时,它们之间又相互影响。

1.3.1 基因对植物营养生长和生殖生长的影响

基因在调控植物营养生长和生殖生长转换过程中具有至关重要的作用。基因主要通过编码蛋白达到调控生殖生长的目的。在植物的花的发育过程中,植物需要达到花期前的成熟状态,花只有在植物长到一定的尺寸或树龄时才能开放,这个花期前的阶段被称为营养阶段。花发育的第一步是从营养阶段(产生芽和叶)到生殖阶段(开始开花)的转变。在大多数情况下,植物是否能在生长到一定阶段后开花,受到环境影响,如光照和温度。许多植物需要一定的昼夜相对长度变化范围(光周期)和温度(或在两种因素的共同作用下),才能进入生殖阶段,实现花芽分化。一旦这种转换完成,花的分生组织基因就会促进单个花的形成。一些研究发现,与花相关的基因有 *AP1*、*AP2*、*CAL*、*LFY*、*FRI*、*AtCO*、*UFO* 等。至少有两个基因(*LFY* 和 *AP1*),不仅在花的起始阶段是必需的,而且在转基因植物中过量表达时也足以诱导侧花。花分生组织形成后,花器官开始在分生组织的周围形成同心圆的排列。每个花器官都是由少量的干细胞产生的。然后这些细胞发育为主体或原基,通过细胞增殖形成可识别的花原基,再由花原基发育成花的各个器官。一旦所有的原基被激活,就确定了花器官的相对位置和总数,以及花的基本结构、叶序和对称性,并在适当的条件下开放花蕾。因此,在花器官形成的过程中,从分子水平上看,转录活性增加,生物途径活跃。此外,植物激素参与了花的形成过程,例如,器官形成的空间准确性在很大程度上取决于生长素和细胞分裂素这两种植物激素的拮抗作用。生长素最大值是由生长素的生物合成和极性运输引起的,生长素的极性运输决定了花器官形成的开始。相关研究表明,*YUC* 和 *PIN* 在控制生长素生物合成和极性运输方面发挥重要作用。此外,顶端生长素和侧根生长素的竞争导致芽生长受阻。同时,细胞分裂素通过调控器官的原基形成抑制区域,帮助维持生长素最大值。细胞分裂素信号通路的紊乱会影响花器官的排列。

花器官形成的 ABC 模型和基因调节花的发育。在花的形成过程中,花的器官由外向内产生,可分为 4 个圆,依次是萼片(圆 1)、花瓣(圆 2)、雄蕊(圆 3)和心皮(圆 4),它们由 3 个同源的外源基因(A、B、C)控制,其中 A 控制圆 1,A和 B 控制圆 2,B 和 C 控制圆 3,C 控制圆 4。也可以解释为萼片的形成是由基因 A 控制的,花瓣的形成是由基因 A 和 B 控制的,雄蕊的形成是由基因 B 和 C控制的,心皮的形成是由基因 C 控制的,这是经典的 ABC 模型。研究表明,拟南芥 ABC 基因分别对应于 *AP2*、*AP3/PI* 和 *AG*。其中 *AP1* 和 *AP2* 是功能基因。*AP1* 不仅可以控制萼片和花瓣的特性,而且与花的分生组织有关。在营养生长向生殖生长转换的过程中,*AP1* 相当于组织者,其异位表达会导致许多植物提前开花。此外,*AP1* 也是一个调节 *AP3* 和 *PI* 的转录激活因子。B 类基因如 *AP3*和 *PI*,控制花瓣和雄蕊的发育。*AG* 是唯一的 C 功能基因。除 *AP2* 外,所有这些基因都属于 MADS-box 转录因子家族。MADS-box 家族在植物生长、生殖生长、果实发育,特别是在花器官的形成过程中起着重要的作用。此外,发现 *SEP1*、*SEP2* 和 *SEP3* 对花瓣、雄蕊和心皮发育至关重要,即 B 和 C 基因活性需要 *SEP*基因产物。

1.3.2　外部环境对植物营养生长与生殖生长的影响

环境因子在植物营养生长与生殖生长的转换中,一方面的作用是能量的载体,另一方面的作用可能是信号物质。比如光照、水量、营养物质等是植物生长发育的能量源,温度信号、光信号等又作为信号物质调控营养生长与生殖生长的转换。光照是对植物的营养生长和生殖生长影响较大的因素。光照充足不仅加强植物的光合作用,也加强了植物的碳代谢,对植物的营养生长和生殖生长都有促进作用。水量的多少则对调节植物的营养生长与生殖生长平衡具有一定的作用。水分充足,植物营养生长较旺,但少量缺水却对植物的开花、结果具有一定的促进作用。由于植物体在不同的生长阶段对温度的需求和适应性不同,所以温度可控制一些植物的两种生长的转换,如低温春化和高温春化。植物在营养生长和生殖生长阶段对营养物质的种类和需求量不同,如在植物营养生长期使用氮肥,则能促进植物发芽生长,火炬松(*Pinus taeda* L.)中施用一定量的氮肥,可以提高光合效率,有利于植株的生殖生长。合适的磷肥可以促进苜蓿在营养生长和生殖生长中达到平衡的状态。对于营养物质这个因素,营养亏缺理论认为当生物进入生殖生长阶段后,会消耗大量的营养物质,营养物质会从营养生长部分向生殖生长部分移动,如果此时加入合适的营养物质,营养生长与生殖生长可互相促进。而 C/N 理论认为,当 C 素营养大于 N 素营养时,植物偏向生殖生长,相反则偏向营养生长。

1.3.3　植物激素对植物营养生长与生殖生长的影响

植物激素在营养生长、花芽分化、阶段转变等过程中发挥着重要作用。木本植物的生长过程经历三个时期,即幼龄期(幼年营养生长阶段)、营养生长期和生殖生长期。植物在这三个时期具有独特的形态特征、生理生化特性,并由独立调节而有可能相互交叠的发育程序控制。激素合成、运输和信号转导等调控网络的相关研究为阶段转变等过程及作用机制的深入研究奠定基础。近年来,对与木本植物成熟效应有关的形态发生中,内源激素的分析多集中在被子植物尤其是果树中,在裸子植物中研究相对较少,如辐射松(*Pinus radiata*)和欧洲赤松(*Pinus sylvestris*)等。

根据激素调节假说,植物激素吲哚乙酸(IAA)、赤霉素(GA)、细胞分裂素(CK)等是营养生长转向生殖生长的重要调控因子。其中,IAA 在植物营养生长向生殖生长转换中具有重要作用,它的主要作用是调节细胞伸长。植株中 IAA 含量较高的部位,获得的营养物质相应较多。IAA 在快速分裂和生长的组织中合成,色氨酸和吲哚-3-甘油磷酸都可以作为 IAA 的合成前提,通过极性运输等方式分配到各器官中,有研究表明,营养生长阶段 IAA 水平增加,而且在垂直生长过程中 IAA 会大量增加,这种激素含量的增加主要是在顶芽中,而顶芽是合成 IAA 的重要场所,随后维持这一水平,甚至减少(遵循在腋芽中描述的模式),这可能与获得分枝能力和垂直生长速率的下降有关。Gal 对桦树的研究有类似结果:除了幼龄和营养成体期外,生殖成体期之间的 IAA 水平下降,在辐射松中也如此。花芽分化是高等植物由营养生长转向生殖生长的重要标志,在此期间植物体将发生许多形态学和生理学的复杂变化,生殖器官将成为库,养分、水分和矿质元素连续不断地运往发育的花,同时,内源激素和光合产物也不断地供应花的发育。关于 IAA 是否促进花芽分化,以往的研究中有不同观点,可能与花芽分化的时期有关。胡盼等人认为 IAA 能抑制青海云杉(Picea crassifolia)的花芽分化。高小俊等人也认为芒果花芽分化需要维持较低水平的 IAA。Kinet 认为花芽分化需要保持低浓度 IAA,反之则会抑制花芽孕育。也有研究认为 IAA 间接对花芽分化有作用。梅虎等人认为在紫苏中花芽诱导需要较低浓度的 IAA,而花芽形态建成期则需要较高浓度的 IAA。吴曼等人认为在诱导花芽分化的阶段,低浓度的 IAA 更为有利,而在花芽形态建成期,高浓度 IAA 有利于花芽发育。关于生长素类物质在花芽分化中的作用机制,众多研究者认为可能是与诱导营养物质输入有关,从而调控植物体内 GA、CK 和 ABA 来影响花芽分化。

CK 调控植物营养生长与生殖生长转换过程中几乎所有的生长发育,在茎段分生组织发育中具有关键性的作用。CK 参与调控植物分枝发育,主要在调节顶端分生组织生长方面起作用。玉米素核苷(ZR)含量的高低实际上反映出植物体内细胞分裂及代谢活动的强度,其含量的增加有助于细胞数量的增加以及细胞体积的增大。研究表明,在拟南芥中,分生组织的大小与 CK 水平呈正相关。

CK 在花芽的发育过程中起着关键作用。在被子植物中,ZR 促进花芽分化的研究较多。曹尚银研究发现 ZR 促进苹果花芽分化,在苹果花芽生理分化阶段,花芽中 ZR 含量虽然有所下降但总体仍然较高,叶中的 ZR 含量下降到极低水平。樊卫国等人认为在整个花芽分化期间,花芽、叶芽中的 ZR 含量均保持较高水平。李秉真也认为在花芽形成期间成倍增加的 ZR 能促进苹果花原基的形成。在针叶树中,研究 CK 参与调节芽的分化和发育。

截至目前,iPA(异戊烯基腺嘌呤核苷)/ZR 的生物学意义还不是很清楚。研究者通过对辐射松和欧洲赤松的研究,认为 iPA/ZR 可能代表树龄和活力。在被子植物中,细胞分裂素受体对 Z 型和 I 型细胞分裂素有不同的亲和力。在花旗松[*Pseudotsuga menziesii*(Mirb.)Franco]中,Z型细胞分裂素的浓度高于雌性锥芽和营养芽中 I 型细胞分裂素和 P 型细胞分裂素。有一些证据表明,Z 型细胞分裂素可能有利于雌性锥芽分化。

GA 是一类二萜类激素,在植物营养生长及生殖生长过程发挥着重要的作用。Mitchum 等人在拟南芥中发现 GA4 的缺失会使拟南芥矮化,这表明 GA 为植物生长过程中必不可少的激素。GA 不仅可以促进植物细胞的伸长,还可以促进细胞分裂,从而调节植株高度和器官大小。GA 对成花的影响也是具有争议的。在被子植物中,人们认为 GA 对花芽分化有抑制作用。在对荔枝、枣等果树的研究中发现,GA 是一种抑花激素。而在针叶树中,广泛的倾向是 GA 在营养生长及生殖生长过程发挥着重要的作用,主要体现在促进早熟、提早开花等方面。因此在针叶树中,利用极性较小的 GA4 和 GA7 促进雌球花发育。

对于营养生长,有研究认为脱落酸(ABA)对营养生长有明显的抑制作用,ABA 参与调节从营养生长到生殖生长的转换,较高水平的 ABA 是成熟阶段的特征,而非幼年阶段的特征,然而有研究认为 ABA 含量在成熟时增加不是因为树龄,而是在经受各种胁迫后增加的。

许多研究者认为,对于植物营养生长与生殖生长转换的诱导和阶段保持来说,IAA、ABA、GA、CK 之间的比值比它们各自的相对含量更重要,本书更倾向于用激素之间的比值作为树木阶段转换的标记。(CK+IAA+GA)/ABA 说明植物的生长与休止状况,比值低说明抑制型激素含量占优势,比值高则植物生长旺盛。Morris 等人认为在雌球花花芽中具有较高水平的 ZR,而在雄球花花芽中具有较高水平的 iPA。Kong 等人通过对挪威云杉花芽的调查研究中发现:在高产的挪威云杉中 ZR/iPA 比值较高,而在低产挪威云杉中 ZR/iPA 比值较低。而胡盼等人认为在云杉中 ZR/GA、ZR/IAA、ABA/GA、ABA/IAA 等比值的变化说明,花芽生理分化期内这些比值的快速升高促进了成花启动。

1.4 红松营养生长与生殖生长研究概述

对于那些长期处于营养生长(非开花期)的树种,通过改变生长环境、生长方式(如嫁接)、开花的方式来缩短营养生长期,增加单位时间内的遗传增益,减少树木幼龄期的长度。红松主要分布在我国东北,以及朝鲜、日本、俄罗斯的部分地区,地域比较狭窄。红松栽培历史较短,但其材质优良,传统的培育目标主要是用材林,所以对人工红松的结实问题研究较少、较晚。

1951年,日本学者对红松结实规律只进行了观察和总结,并对其结实周期、结实量等进行记录。齐鸿儒对辽宁省草河口林场的红松进行长期观测,对红松结实及种子园建立进行论述。王振宇等人对红松结实量、开花结实规律进行研究。后来的关注热点多集中在红松果材兼用林方向。

近年来,随着红松种子的需求增加,众多科研工作者对如何增加结实、缩短结实周期等的研究也逐渐增加。张利民等人对红松结实与分叉关系进行研究;孔漫雪等人在总结红松分叉的研究后,开始进行红松截干与结实关系的研究。Yi对红松种子园结实等进行了系统研究。朝鲜对红松结实和坚果林培育有很系统的研究。红松雌球果的发育经历超过了三个生长季节。在这么长的生长发育期内,除了受自身遗传因子的决定外,外部如温度、光照、水分等诸多因子也以不同方式综合影响着雌球果的生长发育。为了提前结实或者增加结实,目前已经有多种增加结实的措施。红松嫁接方面,我国在高枝嫁接、异砧嫁接、苗床嫁接、定植后嫁接方面做了很多实践后研究,缩短了结实周期,增加了结实。其中也有利用植物激素提前结实、增加雌球果的试验措施。某些研究已经证明,外源生长调节剂能够增加雌球花及雌球果的数量。

利用植物生长调节剂(PGR)是诱导球果最显著的方法,因其高效、实用而受到科学研究者和林业管理者的青睐,长期以来,赤霉素一直被人们认为是促进植物开花的关键信号。"开花素"赤霉素能够整合多种内源和外源信号传递途径,共同调控从营养生长向生殖生长的转换。国外研究发现,在赤霉素中缺乏极性的 GA4、GA7 等比多极性的 GA3、GA 更有效。Pharis 发现缺乏极性的 GA4、GA7、GA9 等更有利于雌球花的诱导。目前国内外在有些针叶树上使用 GA4、GA7 有效地促进了雌球花的增加或者提前结实,但是,在有些针叶树中发现 GA4 或 GA7 是无效的,这可能是由于使用不当或在不适当的发展阶段使用,或者植物生长调节剂含量不当。其他研究人员在同一物种中观察到 GA4/GA7 的积极作用。激素对雌球花或雄球花花芽分化的刺激可能不仅取决于处理的类型,而且取决于处理时花芽的发育阶段。相同的处理方法在不同的时间可能会产生不同的结果。确定正确的应用时间首先要确定哪一阶段对 PGR 处理最敏感,然而激素在性别决定中的作用机制却知之甚少。有少数研究为植物生长调节剂的外源应用提供了证据。无论是雌球果芽还是雄球果芽,都是在初春或初夏的长芽内萌发的,但这个阶段很难区分。对于许多针叶树来说,GA4+GA7似乎只有在可见芽分化之前才会促进雌球花发育,但过早只会产生雄球花,PGR 的应用方法有叶面喷施、涂抹膏体、树体注射等,树体注射方法的优点:一是需要小剂量的 GA4+GA7,因为 GA4+GA7 价格比较贵,最小剂量能降低单株注射成本,才可能在以后林业生产中应用推广;二是相比于叶面喷施,其可最大限度地减少 PGR 对环境的污染。

　　关于红松内源激素的公开文献,有陈永亮对主枝和侧枝的文献,他的研究初步判断红松分叉是多种内源物质共同影响、共同作用的结果,与光照等关系密切,但没有指出怎样的共同作用会导致分叉,对取材时间定义过于广泛,更没有时间上的动态变化。杨凯研究了红松果林从幼龄到开花阶段植株体内激素的动态变化,他的重点在于研究红松开花阶段植株体内激素水平的变化,没有对开花结实起关键作用的花芽分化阶段做分析。而且他只是按春、夏、秋季节对激素变化进行说明,但怎样的激素变化导致了开花、结实并没有说明。众多的结果不理想、不一致,目前没有公开的文献表明推广使用何种激素有效,对于到底哪种植物生长调节剂、多大剂量能促进提前结实,具体在什么时间使用外源生长调节剂,其机制尚无突破性进展。

　　综上所述,目前关于红松坚果林培育的研究虽然越来越多,前人在红松结实规律、种子园建立、苗木繁育、嫁接、截干、外源激素应用等方面做了大量的工作,但整体上还仅限于一般规律的观察记载及一般培育技术的研究开发上面。人们很早就关注了红松结实大小年的现象,并且对红松结实的大小年现象的结实规律有了一定了解,但对产生大小年的根本原因缺乏研究,也没有系统的控制大小年的方法。红松顶端结实的现象早就有记载,但对顶端结实的原因尚不清楚,也无从下手研究,并且对雌球花的分布规律、雌球花败育等现象的机制尚不清楚。对红松分叉促进结实有文献记载,但更多的是从有害于木材生长的角度探讨,对红松顶芽死亡的原因有多种解释,但尚未见有文献从生理生态学机制层面进行深入了解。对苗木繁育、嫁接方法、繁殖技术等技术层面的研究较多,但很多深层次的研究未见报道;对苗木培育中早实无性系的培育、嫁接促进结实的机制、异砧嫁接亲和力的生理研究等都无系统研究。对利用植物激素促进红松结实的文献也较多,但深入地对内源激素的研究欠缺,促进结实的研究数据的可靠性值得商榷。

1.5 本书研究的目的与意义

红松是东北地区珍贵的果材兼用树种,红松的早年培育目标主要是用材方面的研究,比如红松林大径材的培育、定向培育等。近年来,随着人们生活水平的不断提高,具有较高营养价值的红松松子的需求越来越受到青睐,而且价格不断走高,松子供不应求。

在这样的背景下,促进红松开花结实等方面的研究日益成为研究热点。但由于红松营养生长阶段过于漫长,很难调动广大林农通过播种—育苗—繁殖—培育—采摘的方式获取松子的积极性,尽管常规的方法(包括良种选育、嫁接、施肥等)能在一定程度上促进红松提早开花结实,但其内在机制研究仍然没有突破。关于植物开花从 20 世纪 50 年代开始就有光周期学说、C/N 学说、阶段发育学说、开花激素等众多学说和理论,但针叶树的开花结实、缩短结实周期等研究较为落后,这可能与林业管理和本身研究难度大有关。

本书研究对红松结实现象中的超长营养生长阶段现象、顶端结实现象、红松分叉促进结实现象、嫁接缩短结实周期现象等进行解释分析,并从内源激素的角度分析这些现象之间的本质联系,探索营养生长到生殖生长之间的转换过程中内源激素的含量变化和平衡规律,为今后调控红松提早结束营养生长,实现早花早果提供理论依据。

因此本书的研究期待有如下价值:(1)科研价值,寻求红松从营养生长到生殖生长之间转换过程中内源激素的含量变化和各激素平衡规律,鉴定球花发育表达基因,期望为红松生殖调控提供理论依据;(2)经济价值,期望通过本书的研究,推进红松产业快速发展,实现松子丰产增收,满足市场需求。特别是对东北林区产业结构调整、发展林区经济、改善林区居民生活水平、指导红松生产具有实际意义。

1.6 拟解决的科学问题

（1）红松幼苗在 1a~4a 生长缓慢，幼树 5a 后进入速生期，人工林中开花结实一般在 15a 左右开始出现，结实时顶端结实明显。红松内源激素在不同生长发育阶段与垂直空间的变化规律尚未得以揭示。红松从营养生长到生殖生长的转换与内源激素的含量动态的关联性如何？

（2）自然情况下红松分叉影响材质，然而会增加结实量，人工截顶后也会增加结实量；嫁接会促进红松提早结实。嫁接和截顶措施对红松内源激素的变化产生怎样的影响？

（3）如何从分子水平分析红松从营养生长向生殖生长转换过程中激素调控的分子机制？

2 红松不同发育阶段个体内源激素含量的变化

红松具有很长的营养生长阶段,自然状态下要 20 多年才能结实,在人工培育条件下红松最快要 10 多年才可以结实。这严重影响其经济效益和遗传改良进程,因此,缩短红松的育种周期和加速其良种化进程是遗传改良过程中的重要问题,植物激素在营养生长、花芽分化、阶段转变等生长发育过程中发挥着重要作用。近年来,内源激素的分析多集中在被子植物尤其是果树领域,在裸子植物中研究相对较少,仅在辐射松、青海云杉、欧洲赤松等针叶树方面有记载。而对红松不同发育阶段个体的内源激素含量动态的变化未见报道。

本书试图分析处于不同发育阶段个体之间的内源激素含量差异,探讨内源激素与发育阶段的关联,为缩短红松营养生长时间、促进红松提早成熟提供参考。

2.1 材料与方法

2.1.1 试验地概况

试验地位于本溪满族自治县辽宁省森林经营研究所实验林场(也称草河口林场),地理位置 40°26′~42°28′N,123°34′~124°20′E,海拔 200~500 m,属温带大陆性季风气候,全年风向为冬季多西北风、春季多南风。境内地形属于辽东丘陵地带,北高南低,年平均气温 6.1 ℃,≥ 5 ℃的年积温 3 000 ℃,年日照时数为 2 200~2 600 h,年降水量 930 mm,年蒸发量 1 090 mm,生长季节年平均大气湿度 73%,无霜期 123~144 d。该地区地处长白山山脉,土壤为棕色森林土,土层厚度 50 cm 以上,有机质含量 30 g·kg^{-1},pH 值 5.5~6.5,为红松自然分布区域。

2.1.2 草河口林场红松物候特性

根据刘继国等人多年观察记录,草河口林场红松在 3 月下旬有微弱的生命活动,新枝生长与新顶芽的膨胀同时出现,一般在 4 月下旬开始生长,5 月中下旬生长最为迅速,5月末生长有所下降。6月上旬又出现一个较为迅速的生长期,而后逐渐缓慢,到7月上旬基本停止生长(再生长除外),其生长期为80~90 d。后从6月末到9月初直径生长较为显著。一般小孢子叶球较大孢子叶球早5~7 d,小孢子叶球在6月初展开。花粉飞散出现时间在6月上旬末期,一般开花2~4 d后完成授粉,授粉后约6月下旬幼果形成,幼果形成后经过短暂的迅速生长,到7月中旬停止生长,7月中旬到8月中旬,恰恰是第2年春季开花红松的花芽分化时期。

2.1.3 试验设置与样品采集

选择草河口林场内生长正常、树势和立地条件一致的3a、7a、15a、30a红松实生苗或实生树作为供试材料,3a苗选自林场内苗圃地,7a、15a、30a红松来自草河口小龙爪沟种果材兼用试验林,造林密度均为4 m×4 m。样品采集均为全光下生长红松,不同树龄开花结实情况见表2-1。其中3a处于幼龄期,7a处于营养生长期,15a处于营养生长向生殖生长过渡期(取样时,15a样品均选择未结实的红松),30a处于生殖生长期。取样时3a红松选顶端(上部枝条)顶芽,其他树龄选择树冠外围最高的三轮枝条顶芽,每次取样3株,即重复3次(每个样品测定3次,结果取实际测得数据的平均值)。每隔一个月左右选择晴朗上午9点至10点采集样品,采集时间从5月末持续到9月末;每次采集顶芽后立即装入塑料袋内封存,放入冰瓶中,带回实验室置于-40 ℃低温冰箱中保存,待取样完成后统一测定。

表2-1 不同树龄红松开花结实情况

树龄	平均胸径/cm	平均树高/cm	平均冠幅/cm	开花情况	结实情况
3a 实生苗	—	0.3	0.2		
7a 实生树	4.0	3.5	1.0	—	—
15a 实生树	8.3	7.2	2.3	个别首次开花	个别结果
30a 实生树	10.4	7.5	2.5	每年开花	每年结果

2.1.4　测定项目与方法

称取 0.5 g 材料,取 2 mL 样品提取液[80%甲醇,内含 1 mmol L^{-1} 二丁羟基甲苯(BHT)],冰浴中研磨成匀浆,转入 10 mL 试管中,再用 2 mL 提取液分次将研钵冲洗干净,一并移入试管中,摇匀,放入 4 ℃ 冰箱中;4 ℃ 中浸提 4 h;3 500 r·min^1 离心 8 min,取上清液。在沉淀物里加 1 mL 提取液,搅匀,4 ℃ 中提取 1 h,3 500 r·min^{-1} 离心 8 min,合并上清液,记录体积,弃残渣。上清液过 C18 固相萃取柱进行纯化,待测。采用酶联免疫吸附测定法(ELISA)分别测定玉米素核苷(ZR)、异戊烯基腺苷(iPA)、吲哚乙酸(IAA)、赤霉素(GA)及脱落酸(ABA)的含量,试剂盒由中国农业大学作物化控研究中心提供。

2.1.5　数据分析

试验数据采用 Microsoft Office Excel 2003 和 SPSS17.0 分析软件进行分析处理,用 Ducan's 新复极差法进行显著性检验。

2.2　结果与分析

2.2.1　生长季内 ZR 含量变化

各树龄顶芽内 ZR 含量在发育过程中的总体趋势相似,总体含量在 5.31~16.30 ng·g^{-1} 之间。总体趋势是"上升—下降—上升"(图 2-1)。各树龄枝条顶芽 ZR 含量在不同采样时间差异显著($p<0.05$),在 5 月 30 日观测时,不同树龄植株顶芽内 ZR 含量都在较低水平,ZR 含量在 5.31~7.25 ng·g^{-1} 之间(表 2-2),之后均小幅上升,均值含量达到 9.91~12.64 ng·g^{-1},但 15a 和 30a 植株 ZR 含量高于 3a 和 7a 植株 ZR 含量,这证明成熟植株顶芽内 ZR 含量高于未成熟植株。8 月 3 日观测时,15a 实生树顶芽 ZR 含量达到最高点,含量达 16.30 ng·g^{-1},7a 和 30a ZR 含量分别为 9.47 ng·g^{-1}、9.60 ng·g^{-1},而 3a 实

生苗 ZR 含量达到最小值(6.24 ng·g⁻¹)。9 月 1 日,15a 实生树、30a 实生树 ZR
含量分别下降到 12.44 ng·g⁻¹ 和 8.34 ng·g⁻¹,而 7a 实生树 ZR 含量尽管下
降,但仍然保持相对较高。9 月 1 日至 9 月 28 日,3a 实生苗顶芽、7a 实生树顶
芽、15a 实生树顶芽的 ZR 含量均有不同程度的上升,唯有 30a 实生树顶芽 ZR
含量继续下降。研究表明,内源激素对植物生长发育的影响在某一时期占主导
作用。在 6 月 30 日—8 月 3 日期间,成熟的 15a 实生树和 30a 实生树顶芽内 ZR
含量高于未成熟植株,可能说明 ZR 的含量与红松成熟度有关。

表 2-2　不同树龄红松顶芽不同采样日期 ZR 含量

单位:ng·g⁻¹

树龄	采样日期(月-日)				
	05-30	06-30	08-03	09-01	09-28
3a 实生苗	6.58±0.30b	9.91±0.55b	6.24±0.63c	11.02±0.35b	11.18±0.89b
7a 实生树	7.25±0.41a	10.89±0.47a	9.47±0.87a	9.06±0.67bc	10.25±1.52b
15a 实生树	5.62±0.34c	11.59±0.48a	16.30±0.95a	12.44±0.69a	14.00±0.56a
30a 实生树	5.31±0.28c	12.64±0.56a	9.60±0.61b	8.34±0.42bc	6.59±0.27c

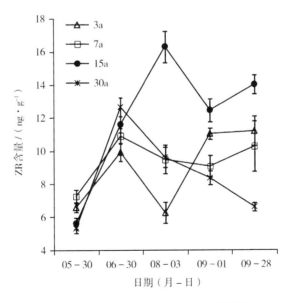

图 2-1　红松不同树龄植株 ZR 含量变化

2.2.2　生长季内 iPA 含量变化

各树龄顶芽 iPA 浓度变化趋势比较复杂(图 2-2)。处于营养生长向生殖生长过渡期的 15a 红松顶芽中 iPA 含量变化趋势与进入生殖生长期的 30a 红松顶芽中的 iPA 含量变化趋势基本一致,总体趋势是 6 月上升,7 月较平稳,8~9月末下降,最后持续处于低水平状态,两者 iPA 含量相比,30a 红松顶芽 iPA 含量一直处于较低水平(表 2-3)。具体来看,5 月 30 日测定时,30a 红松顶芽 iPA 含量为 4.45 ng·g^{-1},15a 红松顶芽 iPA 含量为 4.99 ng·g^{-1},15a 红松顶芽 iPA含量稍高;之后双方呈上升状态,8 月 3 日均达到最高点,30a 红松顶芽 iPA 含量为 8.13 ng·g^{-1},15a 红松顶芽 iPA 含量为 12.11 ng·g^{-1},15a 红松顶芽 iPA含量高于 30a;之后从 8 月 3 日到 9 月 28 日持续下降,到 9 月 28 日测定时,30a红松顶芽 iPA 含量为 5.14 ng·g^{-1},15a 红松顶芽 iPA 含量为 9.43 ng·g^{-1},15a红松顶芽 iPA 含量仍然高于 30a。

处于快速营养生长期的 7a 红松植株 iPA 含量变化趋势与 15a 和 30a 实生树类似,但其保持较高含量,在 9 月 28 日测定时急速上升。即总体趋势是 6 月上升,7 月缓慢上升并较平稳,8 月下降,9 月急速上升。

处于幼龄期的 3a 实生苗的变化趋势与其他 3 类不同。总体趋势是 6 月下降,7 月保持在较低水平,8 月急速上升,9 月下降但保持在较高水平状态。

5 月 30 日测定时,3a 红松顶芽 iPA 含量在 4 种顶芽中含量最高,为9.38 ng·g^{-1},而 7a 红松顶芽中 iPA 含量为 7.56 ng·g^{-1},3a 和 7a 红松顶芽 iPA含量均高于其他两个样品,这种变化在后期不明显。在 9 月末的观测值中,3a和 7a 观测值(3a iPA 含量为 13.33 ng·g^{-1},7a iPA 含量 19.36 ng·g^{-1})为 15a和 30a(15a iPA 含量为 9.43 ng·g^{-1},30a iPA 含量为 5.14 ng·g^{-1})的 2~4 倍。由此可初步推断,iPA 的含量可能在特定时期与植株发育状态有关,在生长快速、活跃树龄段的红松顶芽中 iPA 含量较高。

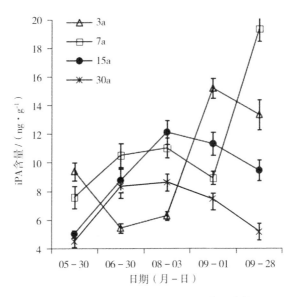

图 2-2　红松不同树龄植株中 iPA 含量变化

表 2-3　不同树龄红松顶芽不同采样日期的 iPA 含量

单位:ng·g^{-1}

树龄	采样日期(月-日)				
	05-30	06-30	08-03	09-01	09-28
3a 实生苗	9.38±0.64 a	5.4±0.33c	6.26±0.29c	15.19±0.68a	13.33±1.06b
7a 实生树	7.56±0.77b	10.5±0.84a	11±0.70a	8.9±0.47c	19.36±0.85a
15a 实生树	4.99±0.26c	8.73±0.82b	12.11±0.81a	11.29±0.79b	9.43±0.72c
30a 实生树	4.45±0.41c	8.11±0.61b	8.13±0.63b	7.25±0.57d	5.14±0.58d

2.2.3　生长季内 IAA 含量变化

不同树龄红松顶芽内 IAA 含量在发育过程中变化趋势基本一致(图 2-3),出现类似"M"字波动,各树龄顶芽 IAA 含量在不同取样时间差异显著($p<0.05$);5月 30—6月 30 日,各类型顶芽 IAA 含量升高,表明红松顶芽处于旺盛生长期;6月 30 日—8月 3 日,各类型顶芽 IAA 含量有所下降(到谷底),表

明红松顶芽经过 1 个速生阶段后,生长在此期间有所减缓;8 月 3 日到 9 月 1 日,不同类型顶芽 IAA 含量又有所上升。先迅速上升,其中 7a 红松顶芽在 5 月 30 日—6 月 30 日增长幅度最大,在 6 月 30 日达到 158.73 ng·g^{-1};这一时期其他三个树龄红松顶芽 IAA 含量变化中,15a 为 76.59 ng·g^{-1},3a 为 71.27 ng·g^{-1},30a 为 58.94 ng·g^{-1}。笔者推测,这可能与红松在 7a 之后快速生长有关。6 月 30 日之后每个样品 IAA 含量迅速下降,之后又小幅上升,其中 30a 上升最多,IAA 含量达 111.66 ng·g^{-1},其次为 15a 红松顶芽,IAA 含量为 58.62 ng·g^{-1},IAA 的这种变化与红松生长状态相符,急速生长的 7a 红松 IAA 含量最高,变化幅度最大。

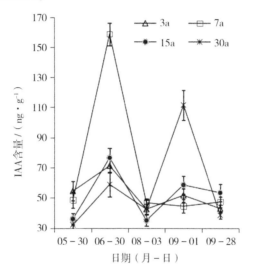

图 2-3　红松不同树龄植株中 IAA 含量变化

表 2-4　不同树龄红松顶芽不同采样日期 IAA 含量

单位:ng·g^{-1}

树龄	采样日期(月-日)				
	05-30	06-30	08-03	09-01	09-28
3a 实生苗	54.54±6.43a	71.27±4.72bc	42.55±5.84b	51.78±4.49c	43.00±2.38bc
7a 实生树	48.61±5.09a	158.73±7.49a	46.76±2.93a	44.58±4.58d	47.36±3.46ab
15a 实生树	36.04±3.79b	76.59±6.60b	35.14±3.89c	58.62±6.02bc	53.46±5.63a
30a 实生树	32.16±2.98b	58.94±7.99c	42.55±3.28b	111.66±9.93a	38.60±2.24c

2.2.4 生长季内 GA 含量变化

四个不同树龄红松顶芽内 GA 含量在发育过程中的变化与 IAA 含量的变化类似,从整体上看,先迅速上升,又急速下降,出现类似"Z"字波动(图 2-4),各树龄红松顶芽 GA 含量在不同取样时间差异显著($p<0.05$),生长旺盛时期,GA 含量较高(表 2-5),GA 含量最高峰值出现在 6 月 30 日,含量为 11.61 ng·g^{-1}。随着时间推移,GA 含量逐渐下降,在 8 月 3 日达到最低,9 月末又有所回升。关于 GA 和 IAA 的关系已有研究表明,GA 可使植物体内 IAA 的含量增高,并能促进维管束分化。这与 GA 的功能主要是促进细胞分裂,加速植物生长的结论相符。在波动中,3a 实生苗 GA 含量和变化幅度均较小,最高值出现在 6 月 30 日,GA 含量为 7.97 ng·g^{-1};最低值出现在 8 月 3 日,含量仅为 2.60 ng·g^{-1}。GA 含量的这种变化可以解释 3a 红松生长缓慢的原因。

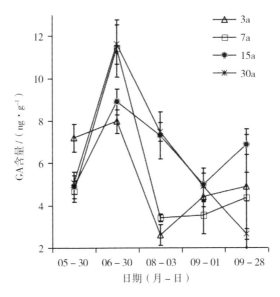

图 2-4 红松不同树龄植株中 GA 含量变化

表 2-5　不同树龄红松顶芽不同采样日期 GA 含量

单位:ng・g^{-1}

树龄	采样日期(月-日)				
	05-30	06-30	08-03	09-01	09-28
3a 实生苗	7.20±0.66a	7.97±0.55b	2.60±0.49c	4.41±0.46a	4.88±0.68b
7a 实生树	4.66±0.48c	11.41±1.34a	3.41±0.19b	3.53±0.88b	4.35±3.26b
15a 实生树	4.89±0.54c	8.89±0.62b	7.30±1.11a	4.97±0.78a	6.86±0.46a
30a 实生树	5.07±0.53b	11.61±0.92a	7.46±0.44a	4.89±0.63a	2.65±0.27c

2.2.5　生长季内 ABA 含量变化

各树龄 ABA 含量总体变化趋势比较复杂。总体趋势呈现"上升—下降—上升—下降"(图 2-5)。各树龄红松顶芽 ABA 含量在不同取样时间差异显著($p<0.05$),两个波峰分别出现在 6 月 30 日与 9 月 1 日,但从 5 月 30 到 9 月 28 日总体呈"上升"的趋势,只是 30a 红松实生树 ABA 含量变化最小,其他三个树龄顶芽 ABA 含量上升过程中波动较大(表 2-6)。7a 红松顶芽 ABA 含量每次的波动最小,15a 红松顶芽 ABA 含量在生长季变化最大。ABA 属于生长抑制类激素,ABA 含量变化的剧烈程度也反映出不同树龄红松内部细胞的活跃程度,如树龄最大的 30a 红松顶芽的 ABA 含量变化程度相对缓慢,而 3a 红松顶芽中 ABA 含量变化则更加活跃。

表 2-6　不同树龄红松顶芽不同采样日期 ABA 含量

单位:ng・g^{-1}

树龄	采样日期(月-日)				
	05-30	06-30	08-03	09-01	09-28
3a 实生苗	105.30±8.16a	102.31±7.55b	53.22±3.11c	162.22±13.29a	136.86±6.25a
7a 实生树	93.74±7.05a	140.74±13.36a	123.21±6.54a	122.58±4.35b	153.97±6.14a
15a 实生树	56.39±5.06b	84.91±6.91c	73.84±7.99b	126.25±6.0b	140.66±7.69a

续表

树龄	采样日期（月-日）				
	05-30	06-30	08-03	09-01	09-28
30a 实生树	51.33±3.00b	132.09±8.06a	119.28±4.27a	147.69±7.56a	78.48±5.94b

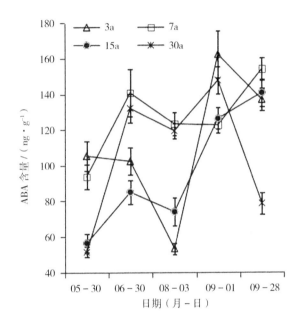

图 2-5　红松不同树龄植株中 ABA 含量变化

2.2.6　生长季内内源激素平衡状况

2.2.6.1　（CK+IAA+GA）/ABA

ZR、iPA、IAA、GA 属于生长促进类激素（本书研究中 CK 指 ZR 与 iPA 之和，下同），而 ABA 属于生长抑制类激素。可以看出，（CK+IAA+GA）/ABA 的比值体现出比较有规律的变化（图 2-6），前几个月的比值变化比较大，这与早期处于营养生长的植株生长更快相符，进入 9 月后比值较低，接近 0，这也与 9 月后生长逐渐减弱并接近停滞相符。从不同树龄的比值变化幅度来看，7a 和

15a红松顶芽的(CK+IAA+GA)/ABA变化类似,变化幅度最大,3a红松实生苗顶芽(CK+IAA+GA)/ABA的比值次之,变化趋势是先上升后下降,变化幅度小于7a和15a,30a植株(CK+IAA+GA)/ABA的比值最小,且变化幅度最小。

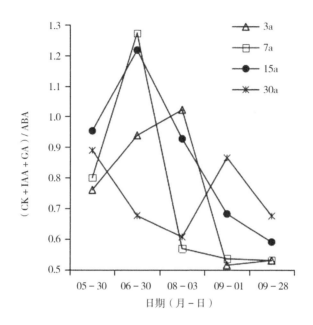

图 2-6　红松不同树龄植株中(CK+ IAA + GA)/ABA 的比值变化

2.2.6.2　iPA/ZR

不同树龄红松顶芽内iPA/ZR在发育过程中的变化趋势基本相似(图2-7,表2-7)。相比之下,15a和30a红松顶芽的iPA/ZR变化比较平稳,3a和7a的iPA/ZR变化波动较大,从总体来看,3a、7a红松顶芽的iPA/ZR的比值高于15a和30a红松顶芽的iPA/ZR比值。在大部分时间,3a红松顶芽的iPA/ZR比值大于1,在7a红松顶芽中,两种类型的细胞分裂素接近持平,即7a红松顶芽中iPA/ZR的比值接近1;而15a和30a红松顶芽中,ZR型细胞分裂素更占优势,iPA型细胞分裂素处于相对劣势。同时,30a红松顶芽中的iPA/ZR的比值较15a红松顶芽的iPA/ZR的比值更低,可能说明iPA/ZR与成熟有关。生长迅速的7a红松顶芽的iPA/ZR的比值在整个测定过程中均高于15a和30a红松顶芽的 iPA/ZR 的比值。这可能说明越是生长活跃、旺盛、迅速的营养生长阶段，iPA/ZR 的比值越接近于 1，而在幼龄期，iPA/ZR 的比值更大；相反，成熟后 iPA/ZR 的比值则越小。

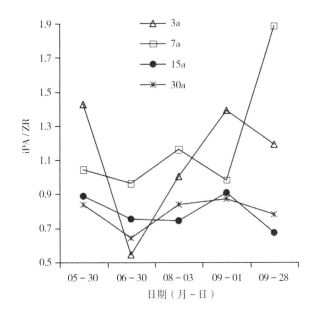

图 2-7　红松不同树龄植株中 iPA/ZR 的比值变化

表 2-7　红松不同树龄植株中 iPA/ZR 的比值

树龄	采样日期(月-日)				
	05-30	06-30	08-03	09-01	09-28
3a 实生苗	1.43	0.54	1.00	1.39	1.19
7a 实生树	1.04	0.96	1.16	0.98	1.89
15a 实生树	0.89	0.75	0.74	0.91	0.67
30a 实生树	0.84	0.64	0.84	0.87	0.78

2.2.6.3　ABA/GA

不同树龄红松顶芽 ABA/GA 比值的变化趋势极其相似(一般 GA 为生长促进类激素，ABA 为生长抑制类激素，但以往文献中都习惯用 ABA/GA 表达，而不是 GA/ABA,因此本书也采用 ABA/GA 表达,下同),总体趋势呈现"下降—上升—下降"形(图 2-8)。在最初的 5 月 30 日,7a 红松顶芽的 ABA/GA 的比值最高,为 20.64,其他依次为 3a 实生苗、15a 实生树和 30a 实生树,ABA/GA 的比值分别为 14.63、11.53 和 10.12。之后 ABA/GA 的比值下降到接近的值,6 月 30 日—8 月 3 日小幅上升后,从 8 月 3 日到 9 月 1 日急速上升(其中 7a 红松顶芽中 ABA/GA 比值的急速上升提前 1 月),达到最高点,此时 3a 红松实生苗 ABA/GA 的比值为 36.82,高于其他三个树龄顶芽 ABA/GA 的比值,依次为7a 红松顶芽 ABA/GA 的比值为 34.73,30a 红松顶芽和 15a 红松顶芽 ABA/GA 的比值分别为 30.21 和 25.42;之后不同树龄红松顶芽 ABA/GA 的比值下降。已有研究表明,GA 对实生苗生长势有显著促进作用,而 ABA 与生长势呈显著负相关。可以看出,在不同树龄红松顶芽 ABA/GA 的比值中,成熟的红松顶芽的 ABA/GA 的比值比未成熟的红松顶芽的 ABA/GA 的比值低。这种变化可能表明低比值的 ABA/GA 有利于红松营养生长向生殖生长转换。

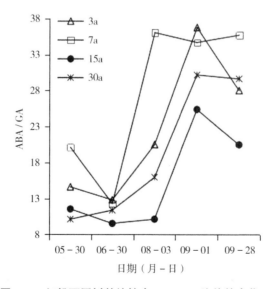

图 2-8　红松不同树龄植株中 ABA/GA 比值的变化

2.3 讨论

本书研究的目的是探索红松不同树龄实生树内源激素含量及激素平衡与生长发育的关系。为了这个目的,笔者选择 3a、7a、15a 和 30a 红松植株,全部为实生树,其中 15a 部分开始结实,30a 全部结实,认定 30a 为完全成熟。分析这些树龄红松顶芽内源激素在生长季的动态变化,试图寻求红松营养生长到生殖生长转换过程与内源激素动态变化之间的关系。

激素调节假说认为 IAA、GA、CK 等植物激素是营养生长与生殖生长之间转换过程中的重要调控因子。细胞分裂素调控几乎所有的生长发育,在茎段分生组织发育中具有关键性的作用。CK 含量的高低实际上反映出植物体内细胞分裂及代谢活动的强度,影响树木成熟和衰老,不同形式的 CK 有不同的作用。笔者在研究中发现生长成熟的红松植株顶芽内的 ZR 含量总体高于营养生长期 3a 和 7a 植株,而且在特殊的时期,ZR 含量突然增加,这可能与成熟植株在花芽分化期 ZR 含量激增有关,关于 CK 对植物成花的促进作用已被多数学者证实。另外,笔者发现在 7a 和 15a 红松顶芽中 iPA 的含量高于其他两类。在生长快速、活跃树龄段的红松顶芽中 iPA 含量较高,而成熟后 iPA 含量相对较低。

IAA 最主要的功能就是调节细胞伸长,与生殖生长呈负相关。IAA 较高的部分,获得的营养物质就越多。IAA 在快速分裂和生长的组织中合成,色氨酸和吲哚-3-甘油磷酸都可以作为 IAA 的合成前提,通过极性运输等方式分配到各器官中。笔者研究发现,7a、15a 红松顶芽内的 IAA 含量总体高于 3a 和 30a 红松顶芽。尤其是 7a 植株中 IAA 含量最高,而成熟红松中 IAA 含量显著低于营养生长阶段。IAA 急剧上升可能是因为其 IAA 起了信号传递的作用,从而改变原有维持实生树童性的激素平衡,使其迅速向成年态转换。这与 Normanly 研究的幼龄期 IAA 水平的升高可能表明顶芽是合成 IAA 的重要部位,幼龄期高生长与这种激素的含量增加有关的结论基本相符。3a 红松也处于幼龄期,但生长缓慢,因此 IAA 含量可能更低。王冰等人认为生长素与细胞分裂素、独脚金内酯等共同作用控制高生长。

GA在针叶树营养生长及生殖生长过程中发挥着重要的作用,主要体现在促进早熟、提早开花等。笔者研究发现,GA含量变化趋势与IAA含量变化趋势类似。很多资料表明,IAA可以促进GA合成相关基因的转录。笔者发现四个不同树龄红松顶芽内GA含量在发育过程中的变化与IAA含量的变化类似,生长旺盛时期,GA含量高,反之则低。有研究表明,高水平的GA促进童性的保持,但是低水平的GA却不是阶段转变的充分条件,而是必要条件。生长迅速的7a红松顶芽中GA含量变化最为活跃、最为激烈,而成熟后GA含量的变化较7a降低。

ABA对营养生长有明显的抑制作用。笔者发现各树龄红松ABA含量总体变化趋势呈现"上升—下降—上升—下降",但总体上是上升趋势。这与逆境胁迫、休眠等有密切的关系。笔者发现在6月末ABA积累到较大量,可能用来抵抗夏季的高温胁迫,之后再次生长减缓,可能与9月的二次生长有关,最后再次上升是为了抵御严冬,这与红松生物生态学特性符合,但暂无足够的理由推测ABA的增加是否与红松的成熟度直接有关。

内源激素对植物生长发育的影响不仅仅取决于某种内源激素的绝对含量,更重要的是取决于各激素的相对含量。(CK+IAA+GA)/ABA的比值说明植物的生长与休止状况,比值低说明抑制型激素含量占优势,比值高则说明植物生长旺盛。笔者的研究结果与李雪梅等人的研究结果相似,生长旺盛时期的7a植株(CK+IAA+GA)/ABA的比值最高,15a次之,再次为处于幼龄期的3a,最后为30a成年树。笔者也发现成熟红松的ABA/GA较未成熟的红松低。这种变化可能表明低比值的ABA/GA有利于红松营养生长向生殖生长转换。

iPA/ZR的变化更值得引起我们的注意:代表幼龄期的3a红松顶芽中iPA/ZR的比值大于1。生长迅速的7a红松顶芽内iPA/ZR比值在整个生长季接近1,处于转变期或者成熟期的15a和30a红松顶芽内iPA/ZR的比值小于1。还发现30a红松顶芽内iPA/ZR的比值比15a红松顶芽小。截至目前,iPA/ZR的生物学意义还不是很清楚。Valde等人通过对辐射松和欧洲赤松的研究,认为

iPA/ZR可能代表树龄和活力。Frugis认为细胞命运和器官形成都与ZR型和iPA型细胞分裂素的局部浓度梯度有关,即尽管这种激素的含量差异相当小,但轻微改变可能会引起生理应答,可能引发生理反应。笔者的研究说明,在红松中越是生长活跃、旺盛、迅速的营养生长阶段,iPA/ZR的比值越接近于1,而且在红松幼龄期内iPA/ZR的比值更大,接近成熟时则越小。换言之,越是接近成熟或者成熟,ZR型细胞分裂素在红松内含量更大,而iPA型细胞分离素含量更小,在红松顶芽中iPA/ZR的比值是一个衰老和活力指数。因此,推测iPA/ZR可以作为红松由营养生长进入生殖生长的主要标志。

由此可见,红松营养生长向生殖生长转换过程是各种内源激素共同调控的结果,而不是取决于某一种或某一类激素。内源激素之间相辅相成,相互促进又相互拮抗,它们的动态变化和平衡对红松生长发育起着至关重要的作用。从内源激素水平与个体发育阶段的关系上推测,红松实生树在7a期前后已处于营养生长转换期,此后树体继续扩大增高至15a前后才开花结实,红松实生树转换期相当长。

2.4 本章小结

(1)内源激素对红松生长发育的影响不仅仅取决于某种内源激素的绝对含量,更重要的是取决于各激素的相对含量,红松营养生长向生殖生长转换过程是各种内源激素共同调控的结果,而不是取决于某一种或某一类激素。内源激素之间相辅相成,相互促进又相互拮抗,它们的动态变化和平衡对红松营养生长与生殖生长转换起着至关重要的作用。

(2)7a和15a红松顶芽中(CK+IAA+GA)/ABA的比值高于3a和30a红松顶芽中该比值,表明生长旺盛的树龄阶段生长促进类激素水平比生长抑制类激素高。

(3)15a和30a红松顶芽中ABA/GA比值低于3a和7a红松顶芽,这种变化可能表明低比值的ABA/GA有利于红松营养生长向生殖生长转换。

(4)不同树龄红松顶芽内iPA/ZR具有特殊意义。生长活跃、旺盛、迅速的营养生长阶段 iPA/ZR 比值接近 1,而成熟阶段的 iPA/ZR 小于 1,幼龄期 iPA/ZR 大于 1,因此认为 iPA/ZR 可以作为红松从营养生长进入生殖生长的主要标志,进入成熟阶段后,iPA/ZR 的比值越小可能代表红松更加成熟。

3　红松顶芽内源激素含量的垂直分异特征

红松顶端结实比较明显,雌球花往往只分布在大树的顶端或者中上部,雄球花分布在整个树体。红松顶端结实的现象早就有记载,但对顶端结实的原因解释不清,雌球花的分布机制目前也尚不能解释。为了增加结实量和缩短结实周期,在生产中尝试用截顶、疏伐、嫁接、修剪、外源激素等措施,取得了一定的效果。鉴于雌雄花在空间上的分布差异,对这些不同部位的激素进行分析可为性别决定的生理和分子调控的最终研究提供重要的背景信息。激素分析可通过应用植物生长调节剂改变雌球花的分化来提高球果产量,因此我们的研究目标是分析红松顶芽内源激素含量的垂直分异特征,为人工调控雌球花和雄球花、增加球果产量提供理论基础。

3.1　材料与方法

3.1.1　试验地概况

试验地位于草河口林场,试验地概况详见 2.1.1。

3.1.2　样品采集

试验在草河口林场红松人工林内进行。选择草河口林场内生长正常、树势和立地条件一致的 30a 红松作为供试材料,每次取样 3 株,每株取树冠外围最高的三轮枝条顶芽 3~5 个,同时从下部枝条取顶芽 3~5 个,即重复 3 次(每个样品测定 3 次,结果取实际测得数据的平均值)。每个月选择晴朗上午 9 点至 10 点采集样品,采集时间从 5 月末持续到 9 月末;每次采集顶芽后立即封入塑料袋内,放入冰瓶中,带回实验室置于 -40 ℃ 低温冰箱中保存,待取样完成后统一测定。

3.1.3　测定项目与方法

植物内源激素的测定采用酶联免疫吸附测定法,试剂盒由中国农业大学作物化控研究中心提供,分别检测 GA、IAA、ZR、iPA、ABA 的含量,植物激素提取测定方法参照试剂盒附带操作说明书进行。

3.1.4　数据分析

试验数据采用 Microsoft Office Excel 2003 和 SPSS 17.0 分析软件进行分析处理,用 Ducan's 新复极差法进行显著性检验。

3.2　结果与分析

3.2.1　ZR 含量变化

不同部位枝条顶芽 ZR 含量变化(图 3-1)差异较大。上部枝条顶芽的 ZR 含量变化趋势较为剧烈,而下部枝条顶芽 ZR 含量变化较为平缓。上部枝条顶芽 ZR 含量总体高于下部枝条 ZR 含量。两种枝条顶芽 ZR 含量在不同取样时间差异显著($p<0.05$)。6 月 30 日上部枝条顶芽 ZR 含量在相对较低水平,含量为 12.64 ng·g^{-1},之后缓慢上升,在 7 月 15 日之后开始下降,在 8 月 3 日观测时 ZR 含量为 9.60 ng·g^{-1},之后突然激增,在 8 月 19 日达到最高(28.96 ng·g^{-1}),之后又急速下降,在 9 月 1 日下降到 8.34 ng·g^{-1},之后小幅上扬,此后逐渐降低到较低水平。

下部枝条顶芽 ZR 含量在 6 月 30 日处于较低水平,ZR 含量比上部枝条顶芽低,为 8.34 ng·g^{-1},之后持续上升,8 月 3 日达到第一个峰值 14.36 ng·g^{-1},8 月 3 日后下部枝条顶芽 ZR 含量迅速降低,在 8 月 19 日 ZR 含量仅为 5.03 ng·g^{-1},此时上部枝条顶芽 ZR 含量为下部枝条顶芽 ZR 含量的 5 倍多,之后持平一段时间,之后变化趋势与上部枝条类似。不同部位顶芽 ZR 含量存在竞争关

系及抑制作用。另外,ZR 含量在上部枝条的这种剧烈变化可能表明雌球花花
芽分化前期需要较少的 ZR,但完成生理分化后,形态分化急需大量的 ZR。这
与 ZR 含量实际上反映出植物体内细胞分裂及代谢活动的强度的观点相吻合。

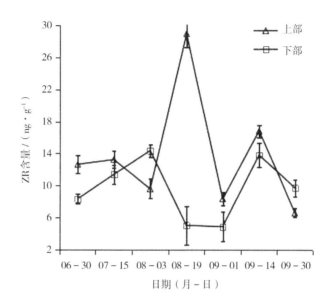

图 3-1 红松不同部位顶芽中 ZR 含量变化

3.2.2 iPA 含量变化

不同部位顶芽 iPA 含量变化差异较大(图 3-2)。上下部枝条顶芽 iPA 含
量均出现不同程度的波动。从时间上来看,两种枝条顶芽 iPA 含量在不同取样
时间差异显著($p<0.05$),从 6 月 30 日到 9 月 30 日,上部枝条顶芽 iPA 含量在
不同测定时间的波动与下部枝条较相似,但在 8 月 19 日出现最高值,iPA 含量
为 15.77 ng·g^{-1},而下部枝条顶芽在 8 月 19 日出现最低值,iPA 含量为
4.71 ng·g^{-1}。在 9 月 14 日前,上部枝条顶芽 iPA 含量总体高于下部枝条顶芽,
直到 9 月 14 日,下部枝条顶芽 iPA 含量(15.06 ng·g^{-1})高于上部枝条顶芽 iPA
含量(12.94 ng·g^{-1})。

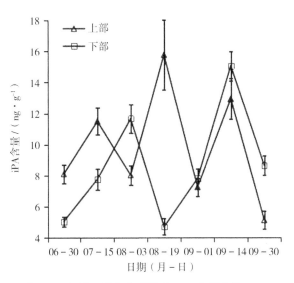

图 3-2　红松不同部位顶芽中 iPA 含量变化

3.2.3　IAA 含量变化

不同部位顶芽 IAA 含量动态变化差异较大(图 3-3),两种枝条顶芽 IAA 含量在不同取样时间差异显著($p<0.05$),在 6 月 30 日上部枝条顶芽 IAA 含量较高,花芽分化前(7 月 15 日)先下降到较低水平(均值为 45.36 ng·g^{-1}),之后逐渐升高,在 9 月初达到最高值(111.67 ng·g^{-1}),之后迅速下降,到 9 月 30 日降低到最低值 38.60 ng·g^{-1}。下部枝条顶芽 IAA 含量较低,波动幅度也较小。下部枝条顶芽 IAA 含量最高点出现在 6 月 30 日,为 70.10 ng·g^{-1},IAA 含量最低点出现在 9 月 1 日,为 40.66 ng·g^{-1}。在整个发育过程中,上部枝条顶芽 IAA 含量总体高于下部枝条顶芽 IAA 含量,上部枝条顶芽 IAA 含量的最高值是下部枝条顶芽 IAA 含量最低值的 2.7 倍。

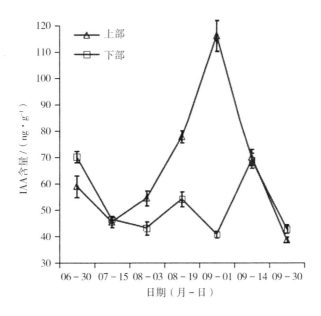

图 3-3　红松不同部位顶芽中 IAA 含量变化

3.2.4　GA 含量变化

不同部位顶芽 GA 含量动态变化趋势相似(图 3-4)。上部顶芽内 GA 含量在发育过程中的变化与 IAA 含量的变化类似,出现"Z"字波动。两种枝条顶芽 GA 含量在不同取样时间差异显著($p<0.05$),上部枝条顶芽 GA 含量最高值出现在 6 月 30 日,为 11.61 ng·g^{-1},最低值出现在 9 月 30 日,含量为 2.65 ng·g^{-1}。下部枝条顶芽 GA 含量随着时间的动态变化趋势与上部枝条顶芽 GA 含量变化趋势基本一致,最高点出现在 6 月 30 日,含量为 9.13 ng·g^{-1},之后持续下降,于 9 月 1 日时达到最低点,GA 含量为 4.01 ng·g^{-1},然后又上升至与 6 月 30 日相当,之后又稍稍下降。但上部枝条顶芽 GA 含量总体高于下部枝条。

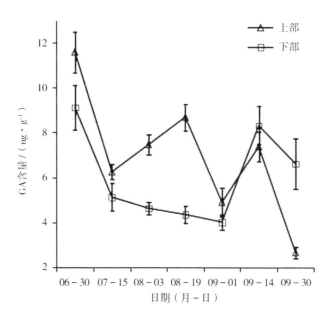

图 3-4 红松不同部位顶芽中 GA 含量变化

3.2.5 ABA 含量变化

上下两个部位顶芽 ABA 含量相对较高(图 3-5)。不同部位顶芽 ABA 含量随时间的变化呈现出大致相同的趋势,呈现两边低中间高的倒"V"字变化。两种枝条顶芽 ABA 含量在不同取样时间差异显著($p < 0.05$),上部枝条顶芽 ABA 含量在 7 月 15 日—8 月 3 日处于较低水平,之后持续增加,到 9 月 1 日增加到最高值 147.69 ng · g^{-1},之后逐渐降低。下部枝条顶芽 ABA 含量最低值出现在最初测量的 6 月 30 日,含量为 101.65 ng · g^{-1},之后小幅上升,小幅下降,8 月 19 日波峰早于上部枝条顶芽出现,含量为 159.69 ng · g^{-1},之后出现快速下降。

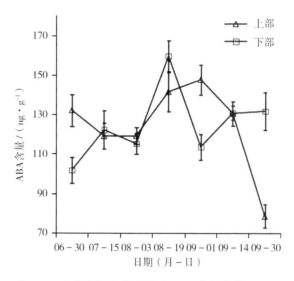

图 3-5　红松不同部位顶芽中 ABA 含量变化

3.2.6　内源激素平衡状况

3.2.6.1　(CK+IAA+GA)/ABA 变化

(CK+IAA+GA)/ABA 的比值体现有规律的变化(图 3-6)。上下部枝条顶芽(CK+IAA+GA)/ABA 的比值呈现基本相反的趋势。内源激素含量的比值在 0.43~0.93 范围内,波动幅度较大。上部枝条顶芽内源激素含量的比值在 7 月 15 日—8 月 3 日处于较低水平,之后持续增加,在 8 月 19 日达到 0.93,之后持续下降,9 月 30 日回到最初水平。下部枝条内源激素含量比值在 6 月 30 日达到最高,(CK+IAA+GA)/ABA 的比值为 0.91,之后比值下降,在 7 月 15 日—8 月 3 日稍稍稳定,之后再次下降,并在 8 月 19 日(CK+IAA+GA)/ABA 比值达到最低点(0.43 ng·g^{-1}),之后反弹,在 9 月 14 日内源激素比值上升到 0.82,之后降低到 0.51。这说明上部枝条顶芽生长促进类激素较下部枝条顶芽生长促进类激素活性高,而生长抑制类激素活性低,这也与红松不同部位顶芽的生长旺盛程度有差异相符。

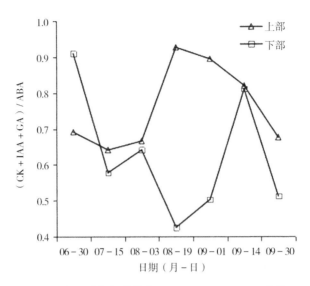

图 3-6 红松不同部位顶芽中(CK+IAA+GA)/ABA 变化

3.2.6.2 iPA/ZR 变化

上下部枝条顶芽 iPA/ZR 变化趋势差异很大(图 3-7),上部枝条顶芽 iPA/ZR 的比值在 0.55~0.87 之间,下部枝条顶芽 iPA/ZR 的比值在 0.61~1.61 之间(表 3-1)。上部枝条顶芽 iPA/ZR 一直在较低值变化,6 月 30 日 iPA/ZR 的比值为 0.64,之后稍稍增加,7 月 15 日 iPA/ZR 达到第一个峰值 0.87,之后逐渐下降;在 8 月 19 日,上部枝条顶芽 iPA/ZR 达到谷底(0.55);之后逐渐上升,在 9 月 1 日达到第二个峰值 0.87,并逐渐稳定。下部枝条顶芽 iPA/ZR 变化趋势呈明显的"上升—下降"趋势,前期 iPA/ZR 的比值较低,6 月 30 日 iPA/ZR 的比值为 0.61,之后缓慢增加,8 月 19 日 iPA/ZR 的比值达到 0.94,此时下部枝条顶芽 iPA/ZR 的比值是上部枝条顶芽 iPA/ZR 的 1.7 倍;之后急剧增加,在 9 月 1 日测定时,iPA/ZR 的比值达 1.61,是同时期上部枝条顶芽的 1.85 倍,之后急剧下降,在 9 月 30 日 iPA/ZR 的比值下降到 0.89。

表 3-1　红松不同部位顶芽中 iPA/ZR 变化

类型	采样日期(月-日)						
	06-30	07-15	08-03	08-19	09-01	09-14	09-30
上部枝条顶芽	0.64	0.87	0.84	0.55	0.87	0.77	0.78
下部枝条顶芽	0.61	0.68	0.81	0.94	1.61	1.09	0.89

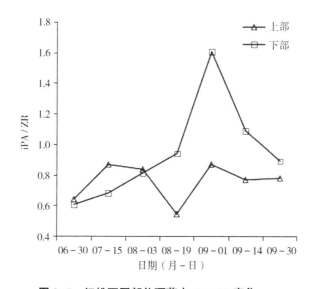

图 3-7　红松不同部位顶芽中 iPA/ZR 变化

3.3　讨论

　　本章的目的是研究红松不同部位顶芽内源激素的差异,为红松顶端结实提供理论依据。为了这个目的笔者选择 30a 全部结实红松植株。

　　花芽分化是高等植物由营养生长转向生殖生长的重要标志,是个体发育的一个巨大转变,它包含许多形态学和生理学的复杂变化。在此期间,不仅养分、水分和矿质元素连续不断地运往发育的花,而且内源激素和光合产物也不断地供应花的发育。众所周知,细胞分裂素在芽的发育过程中起着关键作用。在被子植物中,ZR 促进花芽分化的研究较多。研究发现,ZR 促进苹果花芽分化,在苹果花芽生理分化期间,花芽中 ZR 含量虽然有所下降但总体仍然较高,叶中的 ZR 含量下降到极低水平。在刺梨花芽分化期间,花芽、叶芽中的 ZR 含量均保持较高水平。苹果花芽期间成倍增加的 ZR 含量能促进花原基的形成。笔者的研究可能证明 ZR 在红松雌球花花芽分化中具有重要的作用,因为上部枝条顶芽 ZR 含量的剧烈变化发生在 7 月到 9 月的红松花芽分化期间,这期间红松下部枝条 ZR 含量变化较上部变化缓和很多。

Zhang 等人的研究结果也认为雌球花的花芽分化需要较高含量的 ZR,笔者的研究与上述研究结果基本相似。但区别在于与前人的研究果实类型不同,之前的研究涉及针叶树结实的都为小球果,雌球花多、结实多。红松结实为大球果,每年开雌球花,结实的果枝少。关于 iPA/ZR 的研究,过去主要集中在植物是否达到成熟的标志方面。在菊的生长发育过程中发现,iPA 的含量在花芽分化初期较低,完成花芽分化后,一直保持较高水平,这一时期的特点是细胞快速分裂。这意味着细胞分裂素的短暂增加与花转变有关,笔者的研究与此相符。

关于 IAA 是否促进花芽分化,以往的研究中有不同观点,认为花芽分化可能与花芽分化的时期有关。IAA 能抑制青海云杉的花芽分化。高小俊等人也认为芒果的花芽分化需要较低水平的 IAA。Kinet 认为低浓度 IAA 对花芽孕育是必需的,而高浓度的 IAA 抑制花芽孕育。也有研究认为,IAA 间接对花芽分化有作用。梅虎等人认为在紫苏中花芽诱导需要较低浓度的 IAA,而花芽形态建成则需要较高浓度的 IAA。笔者发现,上部枝条顶芽 IAA 含量在 6 月 30 日为第一个峰值,7 月 15 日处于较低含量,之后逐渐升高,在 9 月 1 日达到最高点,从 7 月 15 日—9 月 1 日上部枝条顶芽 IAA 含量都高于下部枝条顶芽。通常,生长素被认为是在茎尖位置合成的,并向下运输。因此,上部枝条顶芽 IAA 含量高于下部枝条是合理的,较高的 IAA 浓度可能有助于剧烈的高生长,从而产生较高产量的雌球果。这与 Rabe 认为的 IAA 间接对花芽分化有作用相似。吴曼等人认为在花诱导期,花芽中低浓度的 IAA 利于花芽分化,而在花芽形态建成期,高浓度 IAA 利于花芽发育。本书研究中上部枝条顶芽 IAA 含量变化也与吴曼等人的研究结果相似。

GA 对成花的影响也颇具争议。在被子植物中,人们认为 GA 对花芽分化有抑制作用。在对荔枝、枣等果树的研究中,发现 GA 是一种抑花激素。针叶树中 GA 在营养生长及生殖生长过程中发挥着重要的作用,主要体现在促进早熟、提早开花等方面。Kato 等人应用 GA 在针叶树中诱导促进成熟和促进结实。目前普遍认为极性较小的 GA4 和 GA7 对促进雌球花花芽分化效果较好。本书的研究发现,不同部位 GA 含量变化趋势同 IAA 相似,总体含量上部枝条顶芽 GA 含量大于下部枝条含量。

　　ABA 的作用机制不一样,有研究表明,被子植物形态分化开始后,ABA 含量升高有利于花芽分化,可能因为 ABA 和 GA 相互拮抗,抑制了 α-淀粉酶的活性,促进淀粉的增加积累,促进花原基的形成。本书的研究与此相符,下部枝条顶芽 ABA 含量的最高值比上部枝条顶芽出现早,这可能与雄球花花芽分化稍早于雌球花花芽分化有关。

　　各种植物激素之间的相互作用可能导致调节生理过程的复杂机制。Luekwill 为激素调节花芽分化的研究开辟了新的道路,后来的众多研究进一步证明并说明激素平衡假说的可靠性。笔者发现(CK+IAA+GA)/ABA 可以说明红松不同部位顶芽的活性差别很大,上部枝条顶芽生长促进类激素活性高而生长抑制类激素活性低,这与下部枝条顶芽相反。

　　曾有学者用 iPA/ZR 比值的动态变化说明花芽分化中雌雄的变化,在针叶树中,细胞分裂素参与调节花芽的分化和发育。Kong 通过对挪威云杉长芽的调查研究发现:在高产的挪威云杉中 iPA/ZR 比值较低,而低产挪威云杉中 iPA/ZR 比值较高。从整体来看,上部枝条顶芽 iPA/ZR 比值大多时候低于下部枝条顶芽。上部枝条顶芽 iPA/ZR 比值在任何时间测定时均低于 1.0,即上部枝条顶芽 ZR 含量高于 iPA 含量,下部枝条顶芽在 8 月 19 日之前 iPA/ZR 比值也低于 1.0,这与本书第 2 章的内容相吻合,即在成熟的红松中,上部枝条顶芽 iPA/ZR 比值低于 1.0,iPA/ZR 比值与红松的成熟和衰老有关;在时间上,在 7 月 15 日到 9 月 1 日,上下部枝条顶芽 iPA/ZR 比值发生了明显的改变,上部枝条顶芽 iPA/ZR 比值在 7 月 15 日升高与 ZR 含量的下降有关,可能说明在雌球花花芽分化前需要较低浓度的 ZR,而到 8 月中旬 iPA/ZR 比值迅速降低与 ZR 含量的迅速升高有关,可能说明雌球花花芽完成生理分化后,在形态分化中急需高浓度 ZR;下部枝条顶芽在 8 月 19 日之前,iPA/ZR 比值小于 1.0,但之后该比值升高,可能说明雄球花花芽形态分化需要高浓度的 iPA。因此,推断雌、雄球花花芽分化过程与 iPA/ZR 变化相关。笔者对红松的研究可以推断,IAA、ZR、iPA、

ABA 和 GA 都参与了花芽的诱导、分化过程,尽管它们在特定的阶段可能发挥着不同的作用。

3.4　本章小结

(1)红松树冠不同部位枝条顶芽内源激素含量和比例不同,可能是导致花芽分化格局不同的重要原因。对 30a 成熟红松上、下部枝条分别采集顶芽进行分析发现:红松不同部位顶芽的内源激素含量有差异,红松不同部位枝条顶芽的几种内源激素含量是有差异的,上部枝条顶芽 ZR、IAA、GA 含量较下部枝条顶芽高;上部枝条顶芽(CK+IAA+GA)/ABA 比值较下部枝条顶芽高,表明上部枝条顶芽生长促进类激素活性高于下部枝条顶芽。

(2)8 月 19 日前,红松上、下部枝条顶芽 iPA/ZR 符合红松成熟的模型;8 月 19 日至 9 月 14 日下部枝条顶芽 iPA/ZR 比值增大可能表明雄球花花芽形态分化无须太高浓度的 ZR,上部枝条顶芽 iPA/ZR 比值较低可能说明雌球花花芽形态分化过程中急需高浓度的 ZR。因此,笔者推断雌、雄球花花芽分化过程与iPA/ZR 比值有关。

4 嫁接对红松内源激素含量变化的影响

　　嫁接可以使树木性状保持相对稳定且缩短育种周期,对于种子园来说,为生产遗传性良好的种子,一般采用嫁接繁殖的方法来实现优良遗传性种子园的营建。刘颖等人认为嫁接可提前8~10年结实。司永等人认为嫁接可提高群体结实率并提前结实。徐兴斌等人认为对红松幼树进行嫁接,可促进其快速增长并在6年即可结实。同时在实践中人们发现,在嫁接时只有接穗选择达到成熟树龄的中上部枝条才可能结实或更早结实。

　　对植物激素作用的研究,大多集中在外源植物生长调节剂对红松开花结实的影响。但从嫁接角度分析红松营养生长与生殖生长转换和内源激素关系的研究尚未见公开报道。笔者的目标是分析红松嫁接后内源激素含量的变化规律,尝试从内源激素及内源激素平衡角度探索嫁接为什么会提前结实,分析嫁接苗和实生苗内源激素含量及内源激素的平衡差异,以期为红松嫁接育苗和调控红松开花结实、缩短结实周期提供理论基础。

4.1　材料与方法

4.1.1　试验地概况

　　试验地概况详见2.1.1。

4.1.2　试验设置与取样

　　试验于在草河口林场红松人工林内进行。选择草河口林场内生长正常、树势和立地条件分别一致的1a同砧嫁接苗、3a实生苗、12a同砧嫁接树及15a实生树。其中1a嫁接苗和3a实生苗处于幼龄期,15a实生树处于营养生长向生殖生长过渡期,12a嫁接树处于生殖生长期,基本情况见表4-1。其中15a样品均选择尚未结实的红松,12a嫁接树均为已结实红松。所有材料来自草河口小龙爪沟种材兼用试验林,造林密度均为4 m×4 m红松纯林,样品采集均在全光下生长红松。接穗均为 40a 以上进入生殖生长期红松中上部枝条。本书选择的 1a 嫁接苗均为健康成活株。1a 嫁接苗和 3a 实生苗取顶端顶芽,其他龄期选择每株树冠外围最高的三轮枝条顶芽,每次取样 3 株,即重复 3 次(每个样品测定 3 次,结果取实际测得数据的平均值)。每隔 1 个月左右选择晴朗上午 9 点至 10 点采集样品,采集时间从 5 月末持续到 9 月末;每两周采集 1 次,每次采集顶芽后立即封入塑料袋内,放入冰瓶中,带回实验室置于-40 ℃低温冰箱中保存,待取样完成后统一测定。

表 4-1　红松嫁接苗与实生苗生长发育情况比较

材料类型	砧木树龄	平均胸径/cm	平均树高/m	平均冠幅/m	开花情况	结实情况
1a 嫁接苗	3a	—	0.3	0.2	—	—
3a 实生苗	—	—	0.3	0.2	—	—
15a 实生树	—	8.3	7.2	2.3	个别首次开花	个别结果
12a 嫁接树	15a	8.5	8.0	2.5	每年开花	每年结果

4.1.3　测定项目与方法

植物内源激素的测定采用酶联免疫吸附测定法,试剂盒由中国农业大学作物化控研究中心提供,分别检测 GA、IAA、ZR、iPA 及 ABA 的含量,植物激素提取测定方法参照试剂盒附带操作说明书进行。

4.1.4　数据处理

试验数据采用 Microsoft Office Excel 2003 和 SPSS 17.0 分析软件进行分析处理,用 Ducan's 新复极差法进行显著性检验。

4.2 结果与分析

4.2.1 嫁接对 ZR 含量变化的影响

不同类型红松上部枝条顶芽内 ZR 含量在发育过程中变化具有较大差异（图 4-1），不同类型红松顶芽 ZR 含量在不同取样时间差异显著（$p<0.05$）。15a 实生树顶芽和 12a 嫁接树顶芽 ZR 含量及变化趋势基本一致。总体趋势是"上升—下降—上升"。最后升高到一个较高位置，只是总体来看 15a 红松实生树顶芽 ZR 含量上升幅度高于 12a 嫁接树，它们的最低点出现在 5 月 30 日，15a 实生树 ZR 含量为 5.62 ng·g^{-1}，12a 嫁接树 ZR 含量为 7.67 ng·g^{-1}。最高点出现在 8 月 3 日，此时 15a 实生树顶芽 ZR 含量为 16.30 ng·g^{-1}，12a 嫁接树顶芽 ZR 含量为 13.69 ng·g^{-1}。之后双方分别下降到 12.44 ng·g^{-1} 和 12.58 ng·g^{-1}，然后稍微上升到较高水平。

1a 嫁接苗顶芽和 3a 实生苗顶芽 ZR 含量在不同观测日期差异显著（$p<0.05$），如表 4-2 所示。1a 嫁接苗的 ZR 含量总体趋势是 5 月 30 日—6 月 30 日下降，6 月 30 日—9 月 1 日上升，9 月 1 日—9 月 28 日下降，最后持续处于低水平状态。两次峰值出现在 5 月 30 日和 9 月 1 日，ZR 含量分别为 13.10 ng·g^{-1} 和 11.39 ng·g^{-1}，较低值出现在 6 月 30 日和 9 月 28 日，分别为 7.47 ng·g^{-1} 和 6.88 ng·g^{-1}。3a 实生苗 ZR 含量变化及变化趋势与 1a 嫁接苗不同。总体变化趋势为"上升—下降—上升"，较低值出现在 5 月 30 日和 8 月 3 日，ZR 含量分别为 6.58 ng·g^{-1}、6.24 ng·g^{-1}，峰值出现在 9 月 1 日和 9 月 28 日，ZR 含量分别为 11.02 ng·g^{-1}、11.18 ng·g^{-1}。ZR 的高低实际上反映出植物体内细胞分裂及代谢活动的强度。ZR 含量这种变化可能表明：红松嫁接后一段时间内细胞分裂和代谢活动短暂异常活跃，之后的几个月逐渐缓和；长期来看，嫁接红松花芽分化期和实生树相比，15a 实生树体内细胞分裂及代谢活动的强度比 12a 嫁接树略强。与 3a 实生苗相比，1a 嫁接苗 ZR 绝对含量会增加，这种增加的原因一方面可能是随着树龄的增加，ZR 含量增加，另一方面与红松花芽分化有关。

表 4-2　不同类型红松顶芽中 ZR 含量

单位:ng・g^{-1}

材料类型	采样日期(月-日)				
	05-30	06-30	08-03	09-01	09-28
1a 嫁接苗	13.10±0.38a	7.47±0.46c	9.60±0.61c	11.39±0.39b	6.88±0.26c
3a 实生苗	6.58±0.30c	9.91±0.55b	6.24±0.63d	11.02±0.35b	11.18±0.89b
15a 实生树	5.62±0.34d	11.59±0.48a	16.30±0.95a	12.44±0.69a	14.00±0.56a
12a 嫁接树	7.67±0.46b	7.84±0.38c	13.69±0.87b	12.58±0.65a	14.23±0.72a

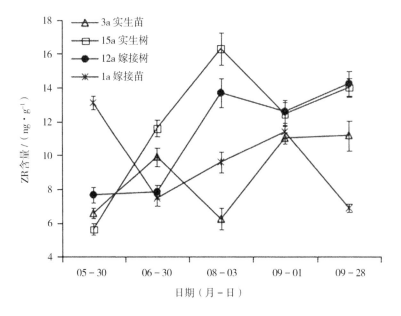

图 4-1　不同类型红松顶芽中 ZR 含量变化

4.2.2　嫁接对 iPA 含量变化的影响

不同类型红松顶芽内 iPA 含量变化趋势比较复杂。15a 实生树与 12a 嫁接树 iPA 含量变化趋势一致,总体为"上升—下降"的趋势(图 4-2)。但上升幅度大于下降幅度,因此总体来看 iPA 含量是增加的。不同类型红松顶芽 iPA 含量在不同取样时间差异显著($p<0.05$),如表 4-3 所示,在 5 月 30 日,15a 实生树顶芽 iPA 含量为 4.99 ng·g^{-1},12a 嫁接树 iPA 含量为 6.02 ng·g^{-1};在 5 月 30 日—6 月 30 日,两种类型红松顶芽 iPA 含量上升,只是嫁接苗上升较缓慢;在 6 月 30 日时,15a 实生树顶芽 iPA 含量为 8.73 ng·g^{-1},12a 嫁接树 iPA 含量为 6.45 ng·g^{-1};6 月 30 日—8 月 3 日的趋势仍为上升,15a 实生树顶芽 iPA 含量达到最高点 12.11 ng·g^{-1},12a 嫁接树 iPA 含量为 11.63 ng·g^{-1},也达到最高点;在 8 月 3 日—9 月 28 日,双方逐渐下降,到 9 月 28 日,15a 实生树顶芽 iPA 含量为 9.43 ng·g^{-1},12a 嫁接树 iPA 含量下降到 10.31 ng·g^{-1}。因此总体来看,两种类型红松顶芽 iPA 含量变化趋势一致,15a 实生树 iPA 含量高于 12a 嫁接树。

　　3a 实生苗与 1a 嫁接苗样本内含量变化走势也基本相似,总体为"下降—上升—下降"的趋势。在 5 月 30 日,3a 实生苗顶芽 iPA 含量为 9.38 ng·g^{-1},1a 嫁接苗 iPA 含量为 12.71 ng·g^{-1};5 月 30 日—6 月 30 日两类顶芽 iPA 含量下降,6 月 30 日,3a 实生苗顶芽 iPA 含量下降到最低点 5.40 ng·g^{-1},1a 嫁接苗 iPA 含量下降到 7.62 ng·g^{-1};6 月 30 日—8 月 3 日两类顶芽 iPA 含量均有不同程度的上升,8 月 3 日测定时,3a 实生苗顶芽 iPA 含量为 6.26 ng·g^{-1},1a 嫁接苗 iPA 含量为 8.03 ng·g^{-1};8 月 3 日—9 月 1 日两类顶芽 iPA 含量上升,其中 3a 实生苗顶芽 iPA 含量上升更为急速,而 1a 嫁接苗顶芽 iPA 含量上升较平缓,在 9 月 1 日,3a 实生苗顶芽 iPA 含量为 15.19 ng·g^{-1},1a 嫁接苗顶芽 iPA 含量为 10.19 ng·g^{-1};在 9 月 1 日—9 月 28 日,iPA 含量下降,3a 实生苗顶芽 iPA 含量下降到 13.33 ng·g^{-1},而 1a 嫁接苗顶芽 iPA 含量下降到 6.60 ng·g^{-1}。因此可以看出,嫁接初期 1a 嫁接苗顶芽 iPA 含量高于 3a 实生苗,1a 嫁接苗顶芽 iPA 含量在波动中下降,3a 实生苗顶芽 iPA 含量在波动中逐渐增加,3a 实生苗顶芽 iPA 含量变化幅度更为剧烈。

表4-3 不同类型红松顶芽中 iPA 含量

单位:ng・g^{-1}

材料类型	采样日期(月-日)				
	05-30	06-30	08-03	09-01	09-28
1a 嫁接苗	12.71±0.55a	7.62±0.25ab	8.03±0.63b	10.19±0.49b	6.60±0.48c
3a 实生苗	9.38±0.64b	5.40±0.33c	6.26±0.29c	15.19±0.68a	13.33±1.06a
15a 实生树	4.99±0.26d	8.73±0.82a	12.11±0.81a	11.29±0.79b	9.43±0.72b
12a 嫁接树	6.02±0.79c	6.45±0.79b	11.63±1.37a	11.20±0.73b	10.31±0.64b

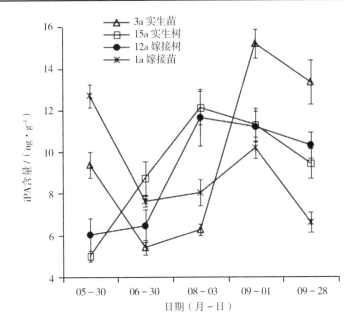

图4-2 不同类型红松顶芽中 iPA 含量变化

4.2.3 嫁接对 IAA 含量变化影响

不同类型红松顶芽内 IAA 含量在发育过程中变化趋势基本一致(图4-3),出现类似"M"字波动,即总体呈现"升高—下降—升高—下降"的变化趋势。不同类型红松顶芽 IAA 含量在不同取样时间差异显著($p<0.05$),在5月30—6月30日,各类型顶芽 IAA 含量升高,表明红松顶芽处于生长旺盛期;在6月30

日—8月3日,各种类型顶芽 IAA 含量有所下降(到谷底),表明红松顶芽经过1个速生阶段后,生长量在此期间有所减缓,8月3日到9月1日,不同类型顶芽 IAA 含量又有所上升,表明在此期间又有一个生长高峰,但生长量低于前期。整体来看,在第一次峰值时,1a 嫁接苗和 3a 实生苗顶芽 IAA 含量分别为 72.50 ng·g^{-1} 和 71.27 ng·g^{-1},低于 15a 实生树顶芽 IAA 含量(76.59 ng·g^{-1})和 12a 嫁接苗顶芽 IAA 含量(88.44 ng·g^{-1}),表明 1a 嫁接苗和 3a 实生苗生长速度弱于 15a 实生树和 12a 嫁接树。相比较而言,1a 嫁接苗顶芽 IAA 含量变化没有 3a 实生苗生活跃,12a 嫁接苗顶芽 IAA 含量变化比 15a 实生树活跃。

表 4-4　不同类型红松顶芽中 IAA 含量

单位:ng·g^{-1}

材料类型	采样日期(月-日)				
	05-30	06-30	08-03	09-01	09-28
1a 嫁接苗	37.59±3.53b	72.50±8.51b	54.43±5.43a	55.45±3.02ab	34.69±3.73c
3a 实生苗	54.54±6.43a	71.27±4.72b	42.55±5.84b	51.78±4.49b	43.00±2.38b
15a 实生树	36.04±3.79b	76.59±6.60ab	35.14±3.89c	58.62±6.02a	53.46±5.63a
12a 嫁接树	33.29±3.06b	88.44±7.56a	44.19±3.33ab	40.32±2.50c	41.14±2.73b

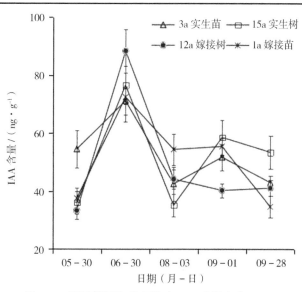

图 4-3　不同类型红松顶芽中 IAA 含量变化

4.2.4　嫁接对 GA 含量变化影响

不同类型红松顶芽内 GA 含量变化趋势基本相似。GA 含量及变化均与 IAA 含量的变化相似,出现类似"Z"字波动(图4-4)。不同类型红松顶芽 GA 含量在不同取样时间差异显著($p<0.05$),其中 15a 实生树和 12a 嫁接树顶芽 GA 含量高于其他两类顶芽。在 5 月 30 日,15a 实生树顶芽 GA 含量为 4.89 ng·g^{-1},12a 嫁接树 GA 含量为 9.46 ng·g^{-1};嫁接树 GA 含量约为实生树的 2 倍。在 5 月 30 日—6 月 30 日,两类红松顶芽 GA 含量上升,只是嫁接苗上升趋势较缓慢,双方 GA 含量达到最高值,在 6 月 30 日测定时,15a 实生树顶芽 GA 含量为 8.89 ng·g^{-1},12a 嫁接树顶芽 GA 含量为 9.66 ng·g^{-1};在 6 月 30—8 月 3 日,两类红松顶芽 GA 含量迅速下降,其中 12a 嫁接树顶芽 GA 含量下降速度超过 15a 实生树;在 8 月 3 日测定时,15a 实生树顶芽 GA 含量为 7.30 ng·g^{-1},12a 嫁接树顶芽 GA 含量为 6.66 ng·g^{-1};在 8 月 3 日—9 月 1 日,两类红松顶芽 GA 含量继续持续下降,15a 实生树下降的速度超过 12a 嫁接树,在 9 月 1 日测定时,15a 实生树顶芽 GA 含量为 4.97 ng·g^{-1},12a 嫁接树顶芽 GA 含量为 6.52 ng·g^{-1};在 9 月 1 日—9 月 28 日,两类红松顶芽 GA 含量变化趋势发生变化,15a 实生树顶芽 GA 含量上升,12a 嫁接树顶芽 GA 含量继续下降,在 9 月 28 日测定时,15a 实生树顶芽 GA 含量为 6.86 ng·g^{-1},12a 嫁接树顶芽 GA 含量为 5.06 ng·g^{-1}。可以看出,15a 实生树 GA 含量在 9 月 28 日比 5 月 30 日还稍高,而 12a 嫁接树顶芽 GA 含量变化的总体趋势是下降的。1a 嫁接苗和 3a 实生苗顶芽 GA 含量总体低于 15a 实生树和 12a 嫁接树。整体上,两类红松顶芽的 GA 含量变化趋势是下降的,在 5 月 30 日,3a 实生苗顶芽 GA 含量为 7.20 ng·g^{-1},1a 嫁接苗顶芽 GA 含量为 5.83 ng·g^{-1};在 6 月 30 日,3a 实生苗顶芽 GA 含量为 7.97 ng·g^{-1}(最高点),1a 嫁接树顶芽 GA 含量为 7.39 ng·g^{-1};在 8 月 3 日,3a 实生苗顶芽 GA 含量降低到最低点 2.60 ng·g^{-1},1a 嫁接苗顶芽 GA 含量为 7.46 ng·g^{-1},之后到 9 月 28 日,3a 实生苗顶芽 GA 含量有小幅上升,上升到 4.88 ng·g^{-1},而 1a 嫁接苗顶芽 GA 含量则继续下降到最低点 2.97 ng·g^{-1}。已有研究表明,GA 最显著的效应是

促进植物茎伸长。因此总体来看,红松嫁接后 GA 短期内变化趋势与 3a 幼苗相似,只是下降幅度比 3a 顶芽下降幅度更大;长期来看,嫁接 12a 后,嫁接红松顶芽 GA 含量稍高于 15a 实生树顶芽 GA 含量,下降幅度也超过 15a 实生树。

表 4-5　不同类型红松顶芽中 GA 含量

单位:ng·g⁻¹

材料类型	采样日期(月-日)				
	05-30	06-30	08-03	09-01	09-28
1a 嫁接苗	5.83±0.50c	7.39±0.56b	7.46±0.44a	4.98±0.57b	2.97±0.77c
3a 实生苗	7.20±0.66b	7.97±0.55b	2.60±0.49b	4.41±0.46b	4.88±0.68b
15a 实生树	4.89±0.54c	8.89±0.62ab	7.30±1.11a	4.97±0.7b8	6.86±0.46a
12a 嫁接树	9.46±1.19a	9.66±0.95a	6.66±0.90a	6.52±0.64a	5.06±0.45b

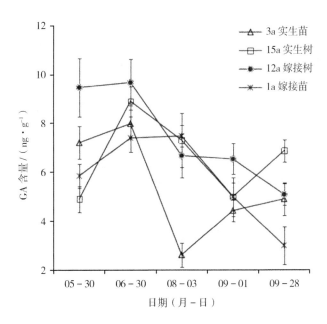

图 4-4　不同类型红松顶芽中 GA 含量变化

4.2.5　嫁接对 ABA 含量变化影响

不同类型红松顶芽内 ABA 含量变化差异较大(图 4-5)。从整体来看，除了 1a 嫁接苗 ABA 含量下降外，其他顶芽 ABA 含量逐渐增加。不同类型红松顶芽 ABA 含量在不同取样时间差异显著($p<0.05$)，15a 实生树与 12a 嫁接树顶芽 ABA 含量变化趋势基本一致，从 5 月 30 日到 9 月 28 日总体呈"上升"的趋势，只是 15a 实生树顶芽 ABA 含量在上升过程中波动较大。在 5 月 30 日，15a 实生树顶芽 ABA 含量为 56.39 ng·g^{-1}，12a 嫁接树顶芽 ABA 含量为 51.33 ng·g^{-1}；在 5 月 30 日—6 月 30 日，两类顶芽 ABA 含量同步上升；在 6 月 30 日—8 月 3 日，15a 实生树顶芽 ABA 含量下降，而 12a 嫁接树顶芽 ABA 含量继续上升，15a 实生树顶芽 ABA 含量达到 73.84 ng·g^{-1}，12a 嫁接树顶芽 ABA 含量达到 117.20 ng·g^{-1}；之后双方上升，15a 实生树顶芽 ABA 含量上升幅度较大，到 9 月 28 日，15a 实生树顶芽 ABA 含量为 140.66 ng·g^{-1}，12a 嫁接树顶芽 ABA 含量上升到 139.63 ng·g^{-1}。因此总体来看，两类顶芽 ABA 含量变化趋势基本一致。1a 嫁接苗与 3a 实生苗顶芽 ABA 含量变化差异较大，3a 实生苗顶芽 ABA 含量逐渐上升，而 1a 嫁接苗顶芽 ABA 含量高且总体趋势存在几次波动。5 月 30 日，3a 实生苗顶芽 ABA 含量为 105.30 ng·g^{-1}，1a 嫁接苗顶芽 ABA 含量为 120.44 ng·g^{-1}；在 5 月 30 日—6 月 30 日，3a 实生苗顶芽基本维持原来含量，1a 嫁接苗顶芽 ABA 含量下降至 76.54 ng·g^{-1}；之后 3a 实生苗顶芽 ABA 含量开始下降，并下降至最低点 53.22 ng·g^{-1}；1a 嫁接苗顶芽 ABA 含量却上升至 119.28 ng·g^{-1}；之后一直到 9 月 28 日，3a 实生苗顶芽 ABA 含量经过一个峰值后，保持与成年树相当水平，而 1a 嫁接苗顶芽 ABA 含量下降至 30.13 ng·g^{-1}。GA 能拮抗 ABA 的合成，从而能抑制器官的衰老和脱落，1a 嫁接苗接穗 30a 成年树，ABA 含量较高是合理的，ABA 含量在 5 月 30 日至 9 月 28 日逐渐下降可能表示嫁接完成的接穗的生理活动和代谢逐渐增加。

表 4-6 不同类型红松顶芽中 ABA 含量

单位:ng・g⁻¹

材料类型	采样日期(月-日)				
	05-30	06-30	08-03	09-01	09-28
1a 嫁接苗	120.44±4.06a	76.54±5.10c	119.28±4.27a	128.22±5.62b	30.13±1.60b
3a 实生苗	105.30±8.16b	102.31±7.55a	53.22±3.11c	162.22±13.29a	136.86±6.25a
15a 实生树	56.39±5.06c	84.91±6.91b	73.84±7.99b	126.25±6.01b	140.66±7.69a
12a 嫁接树	51.33±3.00c	88.02±4.48b	117.20±5.74a	135.51±7.21b	139.63±6.89a

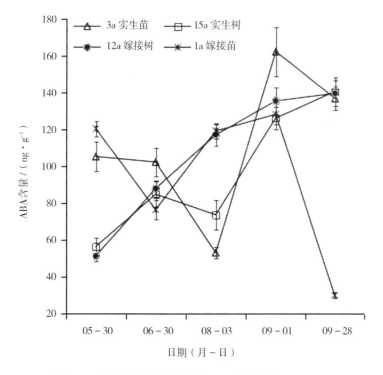

图 4-5 不同类型红松顶芽中 ABA 含量变化

4.2.6 嫁接对内源激素平衡状况的影响

4.2.6.1 （CK+IAA+GA）/ABA

不同类型红松顶芽内(CK+IAA+GA)/ABA 变化趋势类似,呈现"升高—下降"的趋势(图4-6)。5 月 30 日到 6 月 30 日,(CK+IAA+GA)/ABA 呈上升趋势,6 月 30 日至 9 月 28 日呈下降趋势,3a 实生苗顶芽 ABA 含量峰值推迟一个多月出现。综合图 4-6 分析,在 5 月 30 日,不同类型红松顶芽(CK+IAA+GA)/ABA 比值较低,其中 1a 嫁接苗比值最低,主要是因为 1a 嫁接苗顶芽 ABA 含量最高;在 5 月 30 日—6 月 30 日,不同类型红松顶芽(CK+IAA+GA)/ABA 比值呈上升趋势,主要是因为 IAA、ZR、GA 均上升所致,在 6 月 30 日测定时,12a 嫁接树顶芽(CK+IAA+GA)/ABA 比值最大,3a 实生苗(CK+IAA+GA)/ABA 比值最小,可能表明 12a 嫁接树此时生长最旺盛,而 3a 相比于其他类型生长较差。之后除 3a 实生苗外,其他类型顶芽比值均下降,到 9 月 28 日各类型顶芽(CK+IAA+GA)/ABA 比值下降到最低值。不同植物激素对树木生理活动的影响既相互促进又相互制约。已有研究表明,(CK+IAA+GA)/ABA 代表生长促进类激素与生长抑制类激素之间的比值,笔者的试验与此相符。

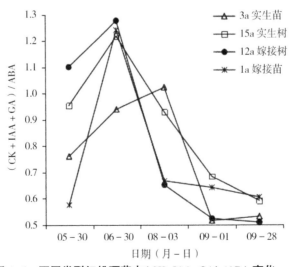

图 4-6　不同类型红松顶芽中(CK+IAA+GA)/ABA 变化

4.2.6.2 iPA/ZR

不同类型红松顶芽的内源激素 iPA/ZR 出现两种不同的趋势(图4-7,表4-7),3a 实生苗顶芽 iPA/ZR 比值变化波动较大且总体比值较高,变化范围在 0.55~1.43 之间,变化幅度较大。从表4-7可以看出,除6月30日 iPA/ZR 比值小于1,其他日期比值均大于等于1。其他三类顶芽 iPA/ZR 比值变化趋势相对比较平稳。iPA/ZR 比值均小于1,且比值变化范围不大,12a 嫁接树顶芽 iPA/ZR 比值变化范围在 0.72~0.89 之间,15a 实生树顶芽 iPA/ZR 比值变化范围在 0.67~0.91 之间,1a 嫁接苗顶芽 iPA/ZR 比值变化范围在 0.84~1.02 之间,但 1a 嫁接苗接穗来自 40a 以上成熟树体,iPA/ZR 比值的变化正好说明成年树接穗中 iPA/ZR 比值小于1是合理的。笔者推测:随着嫁接时间的延长,iPA/ZR 比值可能逐渐加大,完成营养生长向生殖生长转换后,iPA/ZR 比值逐渐变小。

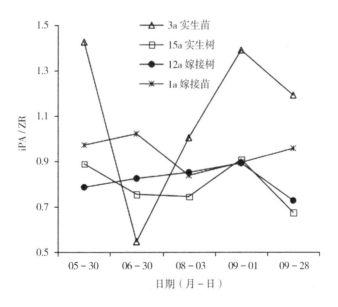

图4-7 不同类型红松顶芽中 iPA/ZR 变化

表 4-7　不同类型红松顶芽 iPA/ZR 比值

单位:ng·g⁻¹

材料类型	采样日期(月-日)				
	05-30	06-30	08-03	09-01	09-28
1a 嫁接苗	0.97	1.02	0.84	0.90	0.96
3a 实生苗	1.43	0.55	1.00	1.39	1.19
15a 实生树	0.89	0.75	0.74	0.91	0.67
12a 嫁接树	0.79	0.82	0.85	0.89	0.72

4.2.6.3　ABA/GA

不同类型红松顶芽 ABA/GA 变化趋势相似(图 4-8),随着时间推移,ABA/GA 比值逐渐升高,在最初的 5 月 30 日,在几种顶芽中,1a 嫁接苗顶芽 ABA/GA 比值最高,为 20.64,而 3a 实生苗、12a 嫁接树和 15a 实生树 ABA/GA 比值分别为 14.63、5.43 和 11.53。这可能与嫁接后 ABA 含量增加有关,还可能与接穗中 ABA 含量较高有关。之后与其他三种类型的 ABA/GA 比值的变化趋势逐渐趋于一致。从整体来看,3a 实生苗顶芽 ABA/GA 比值高于其他三类顶芽 ABA/GA 比值,已有研究表明,GA 对实生苗生长势有显著促进作用,而 ABA 与生长势呈显著负相关,这与红松生长相符。这种变化同样可能表明,低比值的 ABA/GA 有利于红松营养生长向生殖生长转换。

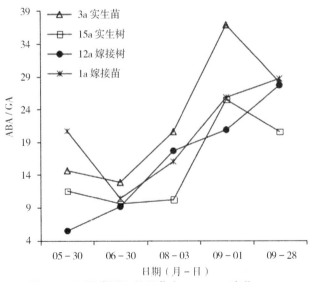

图 4-8　不同类型红松顶芽中 ABA/GA 变化

4.3 讨论

嫁接是将两株植物切接在一起,使之合二为一,嫁接技术被认为可以有效地恢复松树和其他木本植物的一些幼体特征。本书研究的目的是探究红松嫁接后(短期和长期)内源激素及内源激素平衡的动态变化,从嫁接的角度探索红松从营养生长到生殖生长转换过程中的植物内源激素关系。为了这个目标,笔者选择红松 1a 嫁接苗、12a 嫁接树、3a 实生苗、15a 实生树为试验材料。其中,1a 嫁接苗和 3a 实生苗为营养生长阶段,15a 部分开始结实,12a 嫁接树全部结实认定为全部成熟。

红松嫁接后 ZR 代谢活动短暂异常活跃,之后的几个月逐渐降低,长期来看,12a 嫁接树顶芽内源 ZR 含量较高,但稍低于 15a 实生树,这可能说明 15a 实生树细胞内部更加活跃,更具有营养生长的特征。短期来看,嫁接初期 1a 嫁接苗顶芽 iPA 含量高于 3a 实生苗,1a 嫁接苗顶芽 iPA 含量在波动中下降,3a 实生苗顶芽 iPA 含量在波动中逐渐增加,3a 实生苗顶芽 iPA 含量变化幅度更为剧烈。其他两种类型顶芽 iPA 含量变化趋势一致,是先上升后下降的趋势,但总体来看含量是增加的。

笔者发现在这两种细胞分裂素中,除了绝对含量增加外,嫁接后 iPA/ZR 的比值也发生很大的变化。3a 实生苗顶芽 iPA/ZR 比值在整个生长季都大于 1,而 12a 嫁接树与 15a 实生树 iPA/ZR 比值均小于 1,虽然该比值之间有微小的差异,而且在统计学上有显著差异,但这种激素含量的差异相当小,这与 iPA/ZR 比值的轻微改变可能引起生理应答,即尽管激素浓度有微小变化,但组织敏感性的变化可能引发生理反应,促进了成熟的观点相吻合。也说明嫁接后尽管在时间上只有 12 年,但从 iPA/ZR 水平可以看出已经成熟,笔者发现 1a 嫁接苗顶芽 iPA/ZR 比值变化范围在 0.84～1.02 之间,属于营养生长阶段,看似与推测的结果相悖,但我们知道 1a 嫁接苗接穗来自成年树,iPA/ZR 比值的变化正好说明成年树接穗中 iPA/ZR 比值小于 1 是合理的。因此我们推测:随着嫁接时间的延长,iPA/ZR 比值可能逐渐加大,完成营养生长向生殖生长转换后,iPA/ZR 比值逐渐变小。这说明 iPA/ZR 比值模式的逆转与一些幼年特征的恢复是平行的,即在整个恢复过程中比值逐渐增加。这一事实使我们能够验证 ip 型/Z

型比值是一个衰老和活力指数。证明 iPA/ZR 比值可以作为红松从营养生长进入生殖生长的主要标志。

生长素影响细胞的分化、伸长和分裂，以及生殖器官和营养器官的生长、成熟和衰老，是调控植物顶端优势的主导因素。不同类型红松顶芽内 IAA 含量在发育过程中变化趋势基本一致。两次升高代表着生长旺盛期。1a 嫁接苗和 3a 实生苗生长速度低于 15a 实生树和 12a 嫁接树。相比较而言，1a 嫁接苗顶芽 IAA 含量变化没有 3a 实生苗活跃，12a 嫁接树顶芽 IAA 含量变化比 15a 实生树活跃。笔者在之前的研究中发现，7a 实生树顶芽 IAA 含量在生长期峰值最高，而且与 15a 实生树和 3a 实生苗差异巨大，结合本试验研究，笔者认为 IAA 含量变化是决定营养生长是否最旺盛期的主要因素。

赤霉素是一种四环二萜类化合物，在植物发育中起着重要作用，特别是在调节植物生长方面，促进细胞扩增。同时 GA 在针叶树营养生长及生殖生长过程中发挥着重要的作用，主要体现在促进早熟、提早开花等方面。已有研究表明，GA 最显著的效应是促进植物茎伸长。笔者发现在生长季里，在旺盛时期 GA 含量高，所有类型的顶芽 GA 含量从 5 月 30 到 9 月 28 日总体上是下降的趋势。从不同类型的顶芽来看，红松嫁接后 GA 短期内的变化趋势与 3a 实生苗相似，只是含量比 3a 实生苗高，总体下降幅度比 3a 实生苗顶芽下降幅度更大；嫁接 12a 后，嫁接红松顶芽内源 GA 含量高于 15a 实生树 GA 含量，变化幅度也超过 15a 实生树。关于赤霉素和生长素的关系有研究表明，赤霉素可使植物体内生长素的含量增大，并能促进维管束分化。也有研究认为，生长素可以促进赤霉素合成相关基因的转录，总体上赤霉素与生长素的关系是正相关的，这与笔者的研究相符。笔者的试验中也发现四种不同类型红松顶芽 GA 含量及变化与 IAA 含量的变化非常相似，在生长旺盛期含量高，尤其是第一峰值来临的时间相同。

植物激素 ABA 对于生物和非生物胁迫响应很重要，非生物胁迫（包括受伤）会触发 ABA 积累。已有很多试验证明，ABA 在植物的生长发育和抵抗外界环境胁迫时起着重要作用。改变环境温度、盐碱、干旱、寒冷等环境条件及使用除草剂等都能影响 ABA 在植物体内的水平。笔者研究发现，1a 嫁接苗在嫁接后的 1 个月内 ABA 含量比较高，这可能是因为嫁接本身就是非生物胁迫过程，从而导致其含量升高，也可能与接穗本身含有较高含量的 ABA 有关。从整体来看,1a 嫁接苗顶芽 ABA 含量变化趋势不稳定并有下降,其他三类顶芽 ABA 含量逐渐增加,这与 GA 能拮抗 ABA 合成的观点吻合。众所周知,ABA 在较老的器官中含量较高。1a 嫁接苗接穗来自 30a 成年树,ABA 含量较高是合理的。5 月 30 日至 9 月 28 日,1a 嫁接苗顶芽 ABA 含量逐渐下降,这可能表示嫁接后接穗的生理活动和代谢在逐渐增加。ABA 含量在 1a 嫁接苗中的下降可理解为是一种恢复幼体特征。

除了上述研究证明 iPA/ZR 比值可以作为红松从营养生长进入生殖生长的主要标志外,多个研究证明(IAA + GA + ZR)/ABA 的比值能反映植物的生长与休止状况,比值高代表生长促进类激素含量占优势,植物处于生长旺盛状态,比值低代表生长减弱或进入休眠状态。笔者发现嫁接初期的 5 月 30 日,1a 嫁接苗(IAA + GA + ZR)/ABA 比值最低,可能说明在嫁接后短时间内 1a 嫁接苗相对其他三类红松生长较弱,之后保持与 12a 嫁接树和 15a 实生树一样的活力,而 3a 实生苗相比于其他三类红松生长较差。之后除 3a 实生苗外,其他三类顶芽(CK + IAA + GA)/ABA 比值均下降,到 9 月 28 日各类顶芽(CK + IAA + GA)/ABA 的比值下降到最低值。因此,笔者推测高的比值有利于红松营养生长向生殖生长转换。同时从整体上来看,3a 实生苗 ABA/GA 比值高于其他三类顶芽 ABA/GA 比值,推测低比值的 ABA/GA 有利于营养生长向生殖生长的转换。

4.4　本章小结

(1)嫁接后短期内内源激素变化出现短暂异常活跃,之后逐渐缓和。

(2)嫁接后,无论是长期还是短期,(CK + IAA + GA)/ABA 比值高于同龄红松实生苗,表示嫁接后增加了生长促进类激素与生长抑制类激素的比值,可以解释为嫁接促进红松细胞活跃程度,促进生长发育,从而缩短了结实周期。

(3)嫁接后,短期内降低了 ABA/GA 比值,ABA/GA 这种变化可能表明低比值的 ABA/GA 有利于红松营养生长向生殖生长转换。

(4)嫁接后,3a 实生苗顶芽 iPA/ZR 比值大于 1,12a 嫁接树和 15a 实生树顶芽 iPA/ZR 比值小于 1,这种比值模式进一步证明 iPA/ZR 比值可以作为红松从营养生长进入生殖生长的主要标志,1a 嫁接苗处于营养生长阶段,iPA/ZR 比值却小于 1,看似与证明的结果相悖,但 1a 嫁接苗的接穗来自成年树,iPA/ZR 比值的变化正好说明成年树接穗中 iPA/ZR 比值小于 1 是合理的。笔者推测:随着嫁接时间的延长,iPA/ZR 比值可能逐渐加大,完成营养生长向生殖生长转换后,iPA/ZR 比值逐渐变小。

(5)红松嫁接后,内源激素比值变化格局显示嫁接促进红松细胞活跃程度,促进生长发育,从而缩短了结实周期。

5　截顶对红松内源激素含量变化的影响

　　红松杈干现象是红松顶芽或顶枝受损或死亡后,顶端优势被破坏,由侧芽或侧枝替代主枝继续生长,发展起来形成多歧树干的一种现象。红松杈干现象无论在天然林和人工林中均普遍存在。分叉影响树干的通直,影响营养生长,然而分叉又会增加雌球花和球果。红松为什么会自然分叉呢? 从 20 世纪 50 年代以来,许多林业工作者开展相关研究,一般认为原因有林分密度限制、机械损伤、顶芽营养障碍、松梢害虫、树木本身特性与外界共同作用等。上述观点为红松分叉的机制研究提供了参考,但红松顶芽死亡是一个复杂的过程,受很多内外因素的影响。

　　生活史理论认为营养生长与生殖生长之间存在权衡关系——负耦合关系。红松分叉是一种营养生长与生殖生长之间的权衡(trade off) ,是长期进化的红松对环境的适应。当遇到极端天气或外力不利于营养生长时,营养生长与生殖生长之间需要一种取舍,在这种权衡中红松通过植物内源激素的调节,将营养生长改为繁殖下一代来保存、繁衍后代。

　　模拟自然分叉的人工截顶措施对促进结实有明显的作用,Han 等人发现合理的截顶处理后,结实量高出对照组 9 倍,国内外其他文献也表明适宜的截顶促叉措施可提高结实率。关于截顶后红松生理特征研究较少,不久前有学者对截顶后的红松光合生理特征进行研究,但截顶后红松内源激素变化尚无人研究。通过人工截顶措施,观测侧枝代替主枝后内源激素及其平衡的动态变化规律,旨在探索红松分叉机制,并为进一步人工调控促进结实提供参考。

5.1　材料与方法

5.1.1　试验设置与取样

　　试验在草河口林场红松人工林内进行。5 月 15 日选择 15a 红松进行截顶试验,选长势基本一致、尚未结实、无病害的植株 30 株,其中对 15 株进行截顶,截去第二轮枝及以上部分。1 个月之后,设置 3 个处理:未截顶梢枝顶芽、未截顶第三轮侧枝顶芽、截顶后保留的第一轮侧枝(原第三轮侧枝)顶芽。为了表述方便,未截顶梢枝简称梢枝、未截顶侧枝简称侧枝、截顶后保留的第一轮侧枝简称截顶后侧枝。从 7 月中旬开始,每 2 周选择晴朗天气采集样品,每次取样 3 株,即重复 3 次(测定时每个样品测定 3 次,结果取实际测得数据的平均值)。采样时间为 9:00 至 10:00,每次采集顶芽后立即封入塑料袋内,放入冰瓶中,带回实验室置于-40 ℃ 低温冰箱中保存,待取样完成后统一测定。

5.1.2 测定项目与方法

植物内源激素的测定采用酶联免疫吸附测定法,试剂盒由中国农业大学作物化控研究中心提供,分别检测 GA、IAA、ZR、iPA 及 ABA 的含量,植物激素提取测定方法参照试剂盒附带操作说明书进行。

5.1.3 数据处理

试验数据采用 Microsoft Office Excel 2003 和 SPSS 17.0 分析软件进行分析处理,用 Ducan's 新复极差法进行显著性检验。

5.2 结果与分析

5.2.1 截顶对内源激素含量的变化影响

5.2.1.1 不同类型枝条顶芽 ZR 含量的变化

三种类型枝条顶芽 ZR 含量变化趋势差异较大(图 5-1),三种类型枝条顶芽 ZR 含量在不同取样时间差异显著($p < 0.05$),梢枝顶芽和侧枝顶芽 ZR 含量变化趋势大致相似,梢枝顶芽 ZR 含量 7 月中旬测定时含量较低,为 7.91 ng·g^{-1},在 8 月 16 日达到最高值,为 17.40 ng·g^{-1},之后迅速降低,在 8 月 30 日降低到 11.91 ng·g^{-1},之后又略有上升,总体是"上升—下降—上升"的趋势。侧枝顶芽 ZR 含量峰值较梢枝顶芽出现早,在 7 月 30 日达到最高点 14.06 ng·g^{-1},之后缓慢下降,波谷出现时间同梢枝,8 月 30 日侧枝顶芽 ZR 含

量为 11.72 ng·g^{-1}，之后也有小幅上升。截顶后侧枝代替主枝生长，ZR 含量发生巨大变化，ZR 含量进行重新分配，总体趋势为"上升—下降"。截顶 1 月后测定时 ZR 含量极低，均值为 2.93 ng·g^{-1}，之后的变化趋势为一直上升，在 8 月 30 日上升到 17.31 ng·g^{-1}，之后小幅降低到 16.71 ng·g^{-1}。这种 ZR 含量急速异常的变化可以说明 ZR 在根部合成后向上运输，由于截顶，ZR 在截顶处积累，从而增加侧枝 ZR 含量，使得侧枝代替主枝，促进侧枝生长。

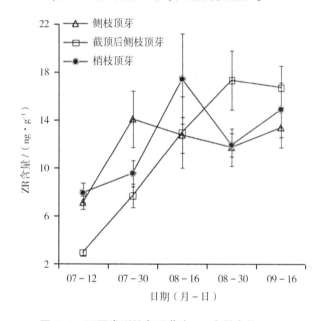

图 5-1 不同类型枝条顶芽中 ZR 含量变化

表 5-1 不同类型枝条顶芽中 ZR 含量

单位:ng·g^{-1}

材料类型	采样日期(月-日)				
	07-12	07-30	08-16	08-30	09-16
1	7.10±0.58a	14.06±2.36a	12.73±1.51b	11.72±1.59b	13.36±1.69b
2	2.93±0.21b	7.67±0.98c	12.97±2.94b	17.31±2.46a	16.71±1.85a
3	7.91±0.84a	9.54±1.08b	17.40±3.76a	11.91±0.99b	14.88±2.27b

注:1.侧枝顶芽;2.截顶后侧枝顶芽;3.梢枝顶芽。

5.2.1.2 不同类型枝条顶芽 iPA 含量的变化

三种类型枝条顶芽 iPA 含量变化趋势差异较大,但与 ZR 的变化相似(图5-2)。梢枝顶芽和侧枝顶芽 iPA 含量变化趋势十分相似,总体是"上升—下降—上升"的趋势。三种类型枝条顶芽 iPA 含量在不同取样时间差异显著($p<0.05$),如表 5-2 所示,梢枝和侧枝顶芽 iPA 含量在 7 月初较低,在 8 月 16 日时 iPA 含量达到最高值,分别为 16.12 ng·g^{-1} 和 16.11 ng·g^{-1},之后下降。梢枝和侧枝顶芽 iPA 含量波谷都出现在 8 月 30 日,分别为 7.63 ng·g^{-1} 和 11.29 ng·g^{-1},之后又都上升,到 9 月 16 日时,梢枝顶芽 iPA 含量达 18.15 ng·g^{-1},侧枝顶芽 iPA 含量达 14.33 ng·g^{-1}。截顶后侧枝顶芽 iPA 含量发生巨大变化,总体趋势为一直上升,截顶 1 月后测定 iPA 含量为 11.10 ng·g^{-1}。之后的变化趋势为一直上升,在 9 月 16 日上升到 19.87 ng·g^{-1}。这种 iPA 含量异常的变化与 ZR 含量类似,说明 iPA 在根部合成后向上运输,由于截顶,iPA 在截顶处积累,从而增加侧枝 iPA 含量,使得侧枝代替主枝,促进侧枝生长。

表 5-2 不同类型枝条顶芽中 iPA 含量

单位:ng·g^{-1}

材料类型	采样日期(月-日)				
	07-12	07-30	08-16	08-30	09-16
1	5.74±0.60b	5.81±0.15c	16.11±3.04a	11.29±2.51b	14.33±1.60b
2	11.10±2.17a	11.54±0.30a	13.43±1.00b	14.36±0.30a	19.87±1.77a
3	6.56±1.16b	8.44±0.37b	16.12±0.35a	7.63±0.67c	18.15±1.48a

注:1.侧枝顶芽;2.截顶后侧枝顶芽;3.梢枝顶芽。

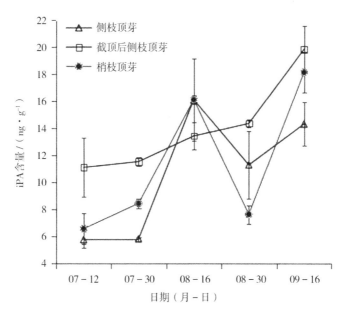

图 5-2 不同类型枝条顶芽中 iPA 含量变化

5.2.1.3 不同类型枝条顶芽 IAA 含量的变化

不同类型枝条顶芽 IAA 含量动态变化差异较大(图 5-3),IAA 含量在不同取样时间差异显著($p < 0.05$),如表 5-2 所示,梢枝顶芽 IAA 含量在 7 月 12 日处于较低水平,含量为 24.74 ng·g^{-1},之后逐渐升高,在 9 月中旬达到最高状态。侧枝顶芽 IAA 含量变化较为激烈,7 月 12 日侧枝顶芽 IAA 含量为 32.63 ng·g^{-1},波动幅度也较小,含量最高点出现在 8 月 16 日,为 58.79 ng·g^{-1},此时侧枝顶芽 IAA 含量为梢枝顶芽 IAA 含量的近 2 倍,之后迅速下降,在 8 月 30 日到达最低点,之后又有波动,在 9 月 16 日上升到与 8 月 16 日水平相当。截顶后,侧枝代替主枝生长,IAA 含量变化趋势与对比的梢枝顶芽和侧枝顶芽均有很大差异,IAA 含量很长时间内保持相对较低水平,截顶 3 个月后恢复到与侧枝相当的水平。这可能证明 IAA 主要在顶尖合成后通过极性运输向下运输,截顶后,造成顶部 IAA 合成中断,通过 3 个月的恢复才逐渐上升到正常水平。

表 5-3   不同类型枝条顶芽中 IAA 含量

单位:ng·g^{-1}

材料类型	采样日期(月-日)				
	07-12	07-30	08-16	08-30	09-16
1	32.63±3.66a	33.79±2.57b	58.79±5.67a	31.37±4.47b	58.23±1.79a
2	37.31±7.18a	37.96±1.11a	32.84±5.36b	36.33±2.11b	58.94±2.38a
3	24.74±2.59b	37.61±7.22a	37.42±2.23b	50.70±3.35a	51.02±6.58a

注:1.侧枝顶芽;2.截顶后侧枝顶芽;3.梢枝顶芽。

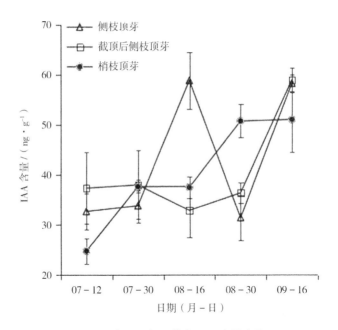

图 5-3   不同类型枝条顶芽中 IAA 含量变化

5.2.1.4   不同类型枝条顶芽 GA 含量的变化

不同类型枝条顶芽 GA 含量的变化出现两种趋势(图 5-4),可以看出:7月 12 日—9 月 16 日,梢枝顶芽和侧枝顶芽 GA 含量变化趋势十分相似,且梢枝顶芽含量高于侧枝顶芽,呈现出"下降—上升—下降—上升"的"双谷"形;

最低点出现在 7 月 30 日,此时梢枝顶芽和侧枝顶芽 GA 含量分别为 4.73 ng·g⁻¹、3.14 ng·g⁻¹。而截顶后侧枝顶芽 GA 含量呈现出"上升—下降—上升"的趋势。截顶初期的 7 月份、8 月份 GA 含量变化比较剧烈,7 月 30 日最高,为 13.23 ng·g⁻¹,此时其含量是其他两种类型枝条顶芽的 GA 含量的数倍,这之后急剧下降,8 月 16 日之后逐渐与其他两种类型枝条顶芽保持相似的变化趋势。

表 5-4 不同类型枝条顶芽中 GA 含量

单位:ng·g⁻¹

材料类型	采样日期(月-日)				
	07-12	07-30	08-16	08-30	09-16
1	7.57±1.25a	3.14±0.24b	6.76±0.52b	5.46±0.28b	6.06±1.28a
2	5.94±0.62b	13.23±1.83a	8.45±1.24a	5.31±0.33b	7.61±0.81a
3	8.28±1.76a	4.73±0.74b	7.47±1.07b	6.22±0.87a	6.92±0.89a

注:1.侧枝顶芽;2.截顶后侧枝顶芽;3.梢枝顶芽。

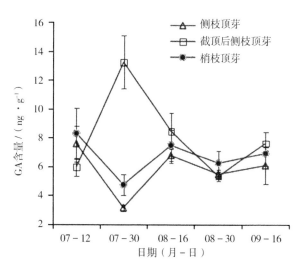

图 5-4 不同类型枝条顶芽中 GA 含量变化

5.2.1.5　不同类型枝条顶芽 ABA 含量的变化

梢枝顶芽和侧枝顶芽 ABA 含量随时间的变化呈现出大致相同的趋势,总体趋势是不同程度的上升(图 5-5)。三种类型枝条顶芽 ABA 含量在不同取样时间差异显著($p<0.05$),在 7 月 12 日,梢枝顶芽 ABA 含量在三种类型枝条顶芽中最低,为 70.27 ng·g^{-1};在 7 月 30 日,梢枝顶芽 ABA 含量在三种类型中仍然最低,为 90.28 ng·g^{-1},之后迅速增加,到 9 月 16 日三者 ABA 含量基本相当。侧枝顶芽 ABA 含量变化较梢枝顶芽变化缓和,7 月 12 日侧枝顶芽 ABA 含量为 103.66 ng·g^{-1},之后缓慢上升,到 9 月 16 日与梢枝顶芽 ABA 含量相当。截顶后侧枝代替主枝,截顶 1 月后,7 月 12 日测定的 ABA 含量为三种类型中最高,为 125.99 ng·g^{-1},是梢枝顶芽的 1.8 倍,侧枝顶芽的 1.2 倍。7 月 30 日,截顶后侧枝顶芽 ABA 含量为 142.50 ng·g^{-1},是梢枝顶芽的 1.6 倍,侧枝顶芽的 1.2 倍,之后 ABA 含量的变化与前两者的变化相反,呈下降趋势,在 8 月 16 日其 ABA 含量在三者中为最低,为 130.39 ng·g^{-1},之后缓慢上升,到 9 月 16 日 ABA 含量与其他两者相当。ABA 通常在衰老的器官或组织中的含量比在幼嫩部分中含量高,其是一种生长抑制剂,它的作用机制在于抑制 RNA 和蛋白质的合成,从而抑制茎和侧芽生长。从试验结果来看,不受外界干扰时,ABA 含量保持较低水平。截顶后,由于受到伤害胁迫,激素随之重新发生调控,之后随着时间的推移,截顶后的侧枝恢复生长,ABA 含量有下降趋势。入秋后,随着休眠逆境的到来,ABA 含量上升。

表5-5　不同类型枝条顶芽中 ABA 含量

单位:ng·g^{-1}

材料类型	采样日期(月-日)				
	07-12	07-30	08-16	08-30	09-16
1	103.66±13.85b	118.79±13.16b	150.77±18.04a	146.69±7.17b	167.71±25.78a
2	125.99±3.32a	142.50±2.51a	130.39±3.44b	140.27±12.28b	153.02±10.80a
3	70.27±3.76c	90.28±7.84c	155.61±17.93a	169.46±14.63a	165.78±15.71a

注:1.侧枝顶芽;2.截顶后侧枝顶芽;3.梢枝顶芽。

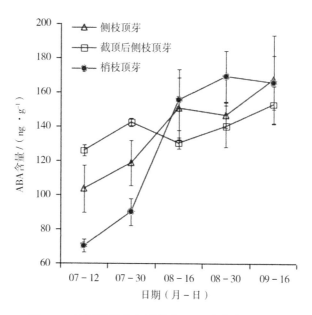

图 5-5 不同类型枝条顶芽中 ABA 含量变化

5.2.2 截顶对内源激素平衡状况的影响

5.2.2.1 (CK + IAA + GA)/ABA 变化

不同植物激素对树木生理活动的影响既相互促进又相互制约。前人研究表明,(CK + IAA + GA)/ABA 代表生长促进类激素与生长抑制类激素之间的比值。整体来看,三种类型枝条顶芽内源激素(CK + IAA + GA)/ABA 比值在 0.172 ~ 0.431 之间,波动幅度较大(图 5-6)。梢枝顶芽的(CK + IAA + GA)/ABA 变化趋势与梢枝 ZR 含量的变化趋势类似,在 7 月 12 日到 7 月 30 日保持较低水平,8 月 16 日(CK + IAA + GA)/ABA 比值迅速上升,8 月 30 日又迅速下降到最低点,之后又上升。相比于梢枝顶芽,其他两种类型的侧枝顶芽内源激素(CK + IAA + GA)/ABA 比值变化趋势较一致。两者整体呈现先增加后降低的趋势,但区别在于侧枝顶芽内源激素(CK + IAA + GA)/ABA 比值在每个时期的测定值均小于截顶后侧枝内源激素该比值。由此推测:红松截顶后侧枝代替主枝生长,相比未截顶侧枝,生长促进类激素占优势,生长抑制类激素处于劣势。

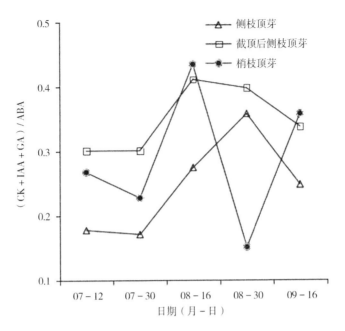

图5-6 不同类型枝条顶芽中(CK + IAA + GA)/ABA 变化

5.2.2.2 iPA/ZR 变化

三种类型枝条顶芽内源激素 iPA/ZR 比值差异很大,变化范围在 0.41~1.40 之间,波动幅度较大。三种类型枝条顶芽 iPA/ZR 比值变化趋势较复杂(图5-7)。从整体来看,梢枝顶芽 iPA/ZR 比值变化较缓慢,在整个试验过程,iPA/ZR 比值变化范围在 0.83~1.22 之间,即除了 9 月 16 日外,其他日期测定时 ZR 含量高于 iPA 含量,且比值变化范围不大,这种 iPA/ZR 比值的变化可能表示与红松营养生长向生殖生长转换过程有关。截顶后侧枝代替主枝,iPA/ZR 比值在整个试验过程中数值变化较大,变化范围在 0.77~1.40 之间。除了 8 月 16 日的比值小于 1 以外,其他时期比值均大于 1。可以看出截顶后侧枝 iPA/ZR 比值较未截顶侧枝大。

5.2.2.3 ABA/GA

Wang 等人认为 GA 是控制树体大小最重要的激素,它可促进新梢伸长。张志华等人在核桃上的试验证实,GA 对实生苗生长势有显著促进作用,而 ABA

与生长势呈显著负相关。从图 5-8 可看出,三种类型枝条顶芽不同时期 ABA/GA 比值差异较大,尤其在截顶后的短期时间内。7 月 30 日测定时,侧枝顶芽 ABA/GA 比值为 37.90,梢枝顶芽 ABA/GA 比值为 19.10,而截顶后侧枝 ABA/GA 比值仅为 10.78,侧枝顶芽 ABA/GA 比值是截顶后侧枝顶芽 ABA/GA 比值的 3.5 倍。造成这种差异的主要原因是,在 7 月 30 日测定时 GA 含量的巨大差异。之后三种类型枝条顶芽的 ABA/GA 比值差异变小。

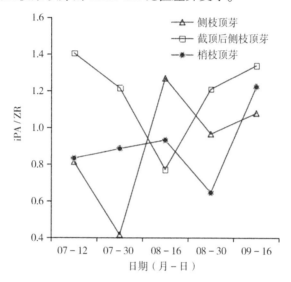

图 5-7　不同类型枝条顶芽中 iPA/ZR 变化

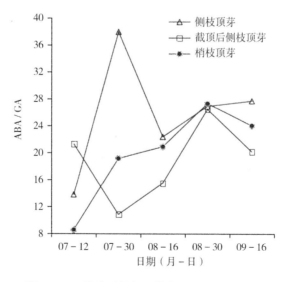

图 5-8　不同类型枝条顶芽中 ABA/GA 变化

5.3 讨论

国内外有关修剪对树木生理及其恢复自身平衡的研究已经被广泛关注,但对红松截顶后的生理变化研究缺乏。沈海龙等人发现截顶会增加侧枝的光合利用率,提高光合特性和叶绿素含量。康迎昆等人的研究表明,1/3 截干比三轮截干对侧枝生长产生的影响更大,效果更好。最恰当的截顶(截去树体 1/3)有利于促进侧枝生长,促进侧枝代替主枝生长,很大程度上促进了分叉,从而使结实量大大增加。本书对红松截顶后侧枝顶芽的内源激素含量与截顶前进行比较,寻求变化规律,以期为红松截顶后恢复自身平衡寻求机制。为了这个目标,笔者选择全光下 15a 尚未结实的人工红松进行截顶。

细胞分裂素最基本的功能是促进细胞分裂。其主要在根部合成,并向上运输,供其他部位使用。在被子植物中,打顶后,细胞分裂素在木质部的流动可能会中断,而导致 CK 在截断处积累,之后会被动地转移到附近组织,导致这些区域的细胞做出反应,这与笔者的研究相似,笔者发现截顶后侧枝顶芽两种细胞分裂素 ZR 和 iPA 的含量均在剧烈急速变化。这种急速异常的变化可能说明 ZR 和 iPA 在根部合成后向上运输,由于截顶,细胞分裂素在截断处积累,从而增加侧枝 ZR 和 iPA 含量。另外,笔者发现在这两种细胞分裂素中,除了绝对含量增加外,截顶后 iPA/ZR 比值的变化也比截顶前大,截顶后不同时期 iPA/ZR 比值变化较大,iPA 型细胞分裂素的比例大,而 ZR 型细胞分裂素的比例小。研究发现营养生长阶段的树木生长活跃、迅速,该树龄段的 iPA/ZR 比值较大,而成年树 iPA/ZR 比值则相反。笔者发现截顶后的侧枝恢复生长迅速,生长活跃。因此,笔者推测内源细胞分裂素 iPA/ZR 比值增大可能使侧枝代替主枝后迅速促进生长,这个比值之所以增大,与 iPA 增大有关。

生长素影响细胞的分化、伸长和分裂,以及生殖器官和营养器官的生长、成熟和衰老,是调控植物顶端优势的主导因素,影响植物腋芽的生长。植物顶端产生的 IAA 决定矿质元素和同化物在体内的运输方向及分布,截顶后,侧枝代替主枝生长。截顶后红松侧枝顶芽 IAA 含量很长时间内保持相对较低水平,截顶 3 个月后 IAA 含量恢复到与原来梢枝含量相当的水平。红松截顶后,IAA 含量降低,可能导致侧枝代替主枝生长,使红松源库关系发生根本变化,从而影响同化物的运输和代谢。

赤霉素重要的作用是促进高生长,保持顶端优势。有研究表明,在突然遇到逆境胁迫时,GA往往对生长和呼吸作用的功能表现出"先促进后抑制的"现象。本书的研究与此相似。笔者研究发现在整个试验过程中,梢枝顶芽GA含量均高于侧枝顶芽,截顶后侧枝内GA重新分配,GA含量急速增加,GA含量大大超过未截顶侧枝、梢枝顶芽,截顶2个月之后GA含量才逐渐恢复到正常水平。

ABA与逆境胁迫、休眠等有密切的关系。ABA对侧枝发育的影响目前还没有定论,有研究表明,在侧枝生长的后期阶段,ABA含量对侧枝起负调控作用。代晓燕等人认为在烟草被打顶后,ABA在烟株体内重新分配,ABA含量增加,可能与IAA的截断有关。韩锦峰等人认为,打顶后IAA在叶中含量降低,作为负信号沿植物木质部向下运输,引起第二信使ABA含量的增加。笔者的研究结果与之前研究相一致。笔者发现,不受外界干扰时,ABA含量保持较低水平,截顶后侧枝内ABA含量迅速增加。这可能是由于IAA的截断,引起第二信使ABA含量的增加;也可能是树木受到伤害胁迫,作为胁迫信号,促使ABA含量增加。之后随着时间的推移,截顶后的侧枝恢复生长,ABA含量有下降趋势,入秋后,随着休眠逆境的到来,ABA含量上升。

植物内源激素通常以联合体的形式相互作用调控植物的生长发育进程,因此分析激素对侧枝发育及截顶后侧枝的影响时,既要考虑激素的绝对含量,也要考虑各类激素间的动态平衡。笔者发现两种侧枝顶芽的内源激素中生长促进类激素与生长抑制类激素的(CK + IAA + GA)/ABA比值之间有显著差异,截顶后生长促进类激素所占比例更大,这与截顶后侧枝的生长发育状态相符。另外,笔者发现截顶后ABA/GA、iPA/ZR也发生明显的变化,ABA/GA的急剧变化发生在截顶后的短期内,之后慢慢趋于一致。iPA/ZR比值发生改变,iPA型细胞分裂素的比例大,而ZR型细胞分裂素比例小。可能正是以这些激素的相互作用变化作为信号,控制核酸、蛋白质、可溶性糖等营养物质,促进截顶后侧枝进一步生长。

5.4　本章小结

本章研究通过人工截顶模拟分叉,试验观测截顶后红松侧枝代替主枝后的各种内源激素及其平衡的动态变化发现:红松截顶处理打破了原有的激素平衡,各种激素重新分配,截顶有利于侧枝生长的激素含量增加,促进侧枝加速生长。

(1)截顶打破原有的激素平衡,各种内源激素重新分配,相比未截顶侧枝,截顶后 GA、IAA 含量短期内减少,之后逐渐增加;增加了 ZR、iPA 含量;ABA 含量短期内迅速增加,之后逐步降低。

(2)植物内源激素以联合体的形式相互作用,调控红松的生长发育进程。红松截顶后侧枝顶芽(CK + IAA + GA)/ABA 比值增大,相比未截顶侧枝,生长促进类激素占优势,生长抑制类激素处于劣势,这与截顶后侧枝的生长发育状态相符。

(3)截顶后 ABA/GA 比值相对未截顶侧枝减小,最高时侧枝顶芽 ABA/GA 比值是截顶后侧枝顶芽 ABA/GA 比值的3.5 倍,低比值的 ABA/GA 可能有利于截顶后侧枝快速生长。

6 外源 GA4/GA7 对红松提早结实的影响

　　红松具有很长的营养生长阶段。在育种研究中,对于那些长期处于营养生长(非开花期)阶段的树种,通过改变生长环境、改变生长方式(如嫁接)、刺激开花的方式来缩短营养生长期,增加单位时间内的遗传增益,缩小树木幼龄期的长度。同样,红松雌球果的发育经历超过了三个生长季节。在如此长的生长发育期内,除了受自身遗传因子的影响外,外部环境如温度、光照、水分等诸多因子也以不同方式综合影响着雌球果的生长发育。植物内源激素对环境条件改变响应灵敏,并且在植物生命活动中起着重要的调节作用。为了提前结实或者增加结实,目前关于红松已经有多种增加结实的措施,其中也有利用植物激素实现提前结实、增加雌球果的试验措施。某些研究已经证明,外源生长调节剂能够增加雌花及球果的数量,但是众多的试验结果不理想、不一致,目前没有公开的文献表明推广使用何种激素有效,对于到底哪种外源生长调节剂、多大剂量能促进提前结实,具体在什么时间使用外源生长调节剂,其机制尚无突破性进展。笔者之前的研究发现,成熟红松不同部位顶芽内源激素在红松花芽分化期间(7 月中旬至 8 月中旬)波动最为活跃,推测不同部位枝条顶芽内源激素含量剧烈的变化与红松花芽分化有关,若在这个时间段进行人工调控,使用外源植物生长调节剂来促进红松营养生长与生殖生长的转换、增加结实可能是最有效的。

　　长期以来,赤霉素一直被人们认为是促进植物开花的关键信号。"开花素"——赤霉素能够整合多种内源和外源信号传递途径,共同调控从营养生长向生殖生长的转换。国外研究发现,在赤霉素中缺少极性的 GA4、GA7 等比多极性的 GA3、GA 更有效。笔者在总结前人在其他针叶树研究的基础上,利用 GA4/GA7,采用树体输液法,尝试促进红松提前开花结实,本章研究的目的是探讨通过外源生长调节剂 GA4/GA7 的外施,促进红松从营养生长向生殖生长转换,增加结实。因此,研究目的有:(1)外源 GA4/GA7 能否促进红松开花结实;(2)外源 GA4/GA7 能否增加红松结实量。

6.1 材料与方法

6.1.1 试验地概况

试验地概况详见 2.1.1。

6.1.2 试验设置与方法

试验区位于辽宁省草河口林场小龙爪沟南坡中部,坡度大约 20°。红松树龄 15a,纯林,造林密度 4 m × 4 m,呈条状从坡底到坡顶栽植,个别开始结实(<3%)。

随机在样地中选择大小基本一致的 15a 实生树进行茎干树体输液试验,试验红松胸径为 70 ± 13 mm。生长调节剂用 50 mg · L^{-1}、500 mg · L^{-1}、5 000 mg · L^{-1} 含量的 GA4/GA7。GA4/GA7 混合物纯度 92.3%,GA4 和 GA7 的质量比约为 1.4∶1,GA4/GA7 用少量的 75% 乙醇溶解后,用蒸馏水稀释至所需倍数,从 2015 年 7 月 12 日开始,试验分 4 次,每隔 2 周,选择晴朗的天气进行,每个试验 10 个重复。每袋溶液为 500 mL(即每袋含 GA4/GA7 质量分别为 25 mg 、250 mg、2 500 mg),使用专用树体输液器将配制好的溶液输入树体,营养吊袋与软管相连,每根软管下面两个插口,在树干中部 45° 角向下用电钻钻 6 mm 直径的小孔,小孔深度 5~6 cm(图 6-1),生长调节剂流速按照每 12 h 500 mL 的标准进行。输入液体后观察输液孔 3~5 min,观察是否有积液渗出,无积液方可离开,当液体输完后关闭输液器开关,拔出针头,用糊状面粉封住孔口。

图 6-1 树体输液法注射 GA4/GA7 照片

6.2 结果与分析

外施生长调节剂后,第二年秋通过观察小球果的方法观测,观测内容分两部分:一是外源 GA4/GA7 能否缩短林分结实,二是外源 GA4/GA7 能否增加林分结实数量。

6.2.1 外源 GA4/GA7 对红松提早结实的影响

不同时间、不同含量 GA4/GA7 对红松提早结实影响复杂(表 6-1)。经过分层卡方检验(表 6-2),7 月 12 日最有效。7 月 12 日三种含量 GA4/GA7 注射树体时,结实率差异显著($p = 0.014 < 0.05$)。当注射激素含量为 25 mg 时,对提早结实最有效,结实率为 70%;而注射激素含量为 250 mg 时,结实率 40%,对照组结实率为 40%;注射含量为 2 500 mg 时,结实率为 0。8 月 3 日和 8 月 15 日之间差异不显著,8 月 3 日时,不同含量 GA4/GA7 之间结实率差异显著($p = 0.06 > 0.05$)。当注射激素含量为 25 mg 时,结实率为 50%;当注射激素含量为 250 mg 时,结实率为 20%,对照组结实率为 40%;而注射激素含量为 2 500 mg

时,结实率为 0。8 月 15 日时,不同含量 GA4/GA7 之间结实率差异不显著($p=$ 0.939>0.05)。当注射激素含量为 25 mg 时,结实率为 50%;而注射激素含量为 250 mg 时,结实率为 40%,对照组结实率为 40%;当注射激素含量为 2 500 mg 时,结实率同样为 0。9 月 1 日时,不同含量 GA4/GA7 之间结实率差异不显著 ($p=0.226>0.05$)。当注射激素含量为 25 mg 时,结实率为 50%;当注射激素含量为 250 mg 时,结实率为 40%,对照组结实率为 40%;而注射激素含量为 2 500 mg 时,结实率为 10%。因此,7 月 12 日,注射 GA4/GA7 含量为 25 mg 时促进结实,较对照组提高 30%,相反,GA4/GA7 含量为 2 500 mg 时,结实率在 0~10% 之间,较对照组大大降低,推测过量 GA4/GA7 可能逆转红松营养生长向生殖生长的转换。

表 6-1　不同时间、不同含量 GA4/GA7 对红松提早结实影响

时间	激素用量/mg	重复1	重复2	重复3	重复4	重复5	重复6	重复7	重复8	重复9	重复10	结实率
7 月 12 日	25	+	−	−	−	+	+	+	+	+	+	70%
	250	+	−	−	−	+	+	−	−	+	−	40%
	2500	−	−	−	−	−	−	−	−	−	−	0
8 月 3 日	25	−	−	+	−	−	+	+	+	−	+	50%
	250	−	−	−	−	−	−	−	+	+	−	20%
	2500	−	−	−	−	−	−	−	−	−	−	0
8 月 15 日	25	+	+	+	−	+	+	−	−	−	−	50%
	250	−	+	−	−	+	+	−	−	−	+	40%
	2500	−	−	−	−	−	−	−	−	−	−	0%
9 月 1 日	25	+	+	−	+	−	−	+	−	+	−	50%
	250	+	−	+	−	+	+	−	−	−	−	40%
	2500	−	−	−	−	−	−	+	−	−	−	10%
对照组		+	−	−	−	+	+	−	−	+	−	40%

注:"+"表示结实,"−"表示没有结实。

表 6-2　卡方检验结果

时间		值	df	渐进 Sig.（双侧）
7 月 12 日	Pearson 卡方	10.560b	3	0.014
	似然比	13.787	3	0.003
	线性和线性组合	8.079	1	0.004
	有效案例中的 N	40	—	—
8 月 3 日	Pearson 卡方	7.398d	3	0.060
	似然比	9.722	3	0.021
	线性和线性组合	5.471	1	0.019
	有效案例中的 N	40	—	—
8 月 15 日	Pearson 卡方	0.404c	3	0.939
	似然比	0.405	3	0.939
	线性和线性组合	0.116	1	0.733
	有效案例中的 N	40	—	—
9 月 1 日	Pearson 卡方	3.956e	3	0.266
	似然比	4.511	3	0.211
	线性和线性组合	3.619	1	0.057
	有效案例中的 N	40	—	—

6.2.2　外源 GA4/GA7 对红松结实量的影响

不同时间、不同含量 GA4/GA7 对增加红松结实量的影响比较复杂。如表 6-2 所示,不同日期注射 GA4/GA7 对结实量影响差异不显著($p>0.05$),不同含量 GA4/GA7 对结实量影响差异显著($p<0.05$),时间、含量两个变量交互作用对结实量影响差异不显著($p>0.05$),对照组平均单株产雌球果 1.3 个,产雌球果最多的是 8 月 15 日,使用 25 mg GA4/GA7 时,平均单株产雌球果 4.4 个,其次是 8 月 3 日,使用 25 mg GA4/GA7 时,平均单株产雌球果 3.1 个,再次才是 7 月 12 日,使用 25 mg GA4/GA7 时平均单株产雌球果 2.3 个,产雌球果最少的为注射 2 500 mg

GA4/GA7 时,产雌球果量为 0;单株产量中,8 月 15 日有 1 单株产雌球果 14 个,8 月 3 日有 1 单株产雌球果 12 个。因此,由于单株变异量太大,结实量无统计学意义,下次应在改进激素配方技术上加大试验次数增加样本数量。

表 6-3　GA4/GA7 对红松增加结实量情况

时间	激素用量/mg	重复1	重复2	重复3	重复4	重复5	重复6	重复7	重复8	重复9	重复10	结实量/个
	25	3	6	0	0	0	3	5	4	2	0	2.3±2.6
7 月 12 日	250	2	0	0	0	4	2	0	0	3	0	1±1.5
	2500	0	0	0	0	0	0	0	0	0	0	0
	25	0	0	6	0	0	1	12	7	0	5	3.1±4.2
8 月 3 日	250	10	0	0	0	0	0	0	1	2	0	1.3±3.1
	2500	0	0	0	0	0	0	0	0	0	0	0
	25	3	14	6	0	9	8	0	0	4	0	4.4±4.8
8 月 15 日	250	0	2	0	0	2	4	0	0	0	2	1±1.4
	2500	0	0	0	0	0	0	0	0	0	0	0
	25	4	2	0	4	0	0	3	0	0	0	1.3±1.7
9 月 1 日	250	11	0	3	0	2	3	0	0	0	0	1.9±3.4
	2500	0	0	0	0	0	0	1	0	0	0	0.1±0.3
	对照组	6	0	0	3	2	0	0	0	2	0	1.3±2.0

6.3　讨论

缩短结实周期、提高种子产量的传统方法包括对母树的生理条件进行处理,从而促进开花。物理措施主要包括对地上部分进行截顶、修枝、剪短、刻芽、拉枝,对地下部分进行修剪、滴灌、施肥、限制等,也有些通过综合管理以增强每个处理的效果。

另外一种重要方法为使用外源激素。植物生长调节剂(PGR)是诱导球果最显著的方法,因其高效、实用而受到科学研究者和林业管理者的青睐。Pharis

发现缺乏极性的 GA4、GA7、GA9 等有利于雌球花的诱导。目前国内外在有些针叶树上使用 GA4、GA7 有效地促进了雌球花的增加或者提早结实,但是在有些针叶树中发现 GA4 或 GA7 是无效的,这可能是由于使用不当或在不适当的发展阶段使用,或生长调节剂含量不当。其他研究人员在同一物种中观察到 GA4/GA7 的积极作用。激素对雌花或雄花花芽分化的刺激可能不仅取决于处理的类型,而且取决于处理时花芽的发育阶段。相同的处理方法在不同的时间可能会产生不同的结果。确定正确的应用时间首先要确定哪一个阶段对 PGR 处理最敏感,然而激素在性别决定中的作用机制却知之甚少。有少数研究为 PGR 的外源应用提供了证据。无论是雌球果芽还是雄球果芽,都是在初春或初夏的长芽内萌发的,但这个阶段很难区分,使其在性别决定之前完成,花芽潜在分生组织之中。对于许多针叶树来说,GA4/GA7 似乎只有在可见芽分化之前才会促进雌球花发育,但过早只会产生雄球花,笔者在前人研究基础上从 7 月中旬开始试验,试验发现在 4 次树体输液法注射试验中,只有 7 月 12 日对提早结实有效。这与之前的研究相符。

　　PGR 的应用方法有叶面喷施、打顶、涂抹膏体、芽注射等,这些方法的优点:一是需要小剂量的 GA4/GA7,因为 GA4/GA7 的价格比较高,最小剂量能降低单株注射成本,才可能在以后林业生产中应用推广;二是可最大限度地减少 PGR 对环境的污染。笔者使用树体输液法注射红松时发现,只有 25 mg GA4/GA7 对促进红松提早结实有效,尽管增长范围不大,但至少是相对最有效的。笔者发现,当使用 2 500 mg GA4/GA7 时,处于转换期的红松基本全部未结实,可能高浓度的 GA4/GA7 抑制了红松雌花芽的生长,甚至有可能抑制了红松营养生长向生殖生长的转换。因此,认为应用 GA4/GA7 的总量必须根据树体大小来确定,这是雌花芽诱导成功的关键因素之一。

　　之前的研究中,少数研究集中在高产量和低产量克隆体之间的内在生理差异方面。笔者的研究中发现红松单株结实量在 0~14 个之间,结实量差异巨大,因此在统计结实量时受到影响而导致异常的统计学结果。在今后的研究中应从内源激素角度分析高产量和低产量无性系之间的差异,为稳定高产的红松坚果林培育提供帮助。笔者利用 GA4/GA7 促进了红松提早结实,虽然效果微小,但至少指明了方向。笔者在之前的研究中发现,红松中的 iPA/ZR 比值在红松营养生长与生殖生长转换中具有特殊意义,iPA/ZR 比值可作为判断红松营养生长向生殖生长转换的标志。在今后的研究中,笔者将继续优化 PGR,整合 GA4/GA7 和 ZR 型细胞分裂素等多种 PGR 促进红松提早结实。

6.4 本章小结

从 7 月中旬到 9 月末,研究外源生长调节 GA4/GA7 对红松促进雌球果提早结实和提高种子产量的作用,结果表明:只有 7 月 12 日,单株树体注射 25 mg GA4/GA7 对红松实生树提早结实具有促进作用,较对照组提高 30%,其他时间无效。相反,每株注射 2 500 mg GA4/GA7,结实率在 0~10% 之间,大大低于对照组。虽然 GA4/GA7 效果微小,但为植物生长调节剂促进红松提早结实指明了方向。

7 红松营养生长向生殖生长转换的转录组分析

红松又叫果松,它除了是珍贵的用材树种外,还是重要的坚果经济林树种,红松的产果性状非常重要,所以开花非常重要。借此笔者希望找到可以控制红松开花的基因,使其提早开花、大量开花,并且多开雌花。已有研究发现,*FLO/LFY* 基因及其同源基因是拟南芥 *LFY* 基因真正的功能同源基因。但对其内在分子机制的研究还不够全面。在此,笔者研究了红松不同年龄和不同部位的花的相关基因表达和激素的变化,这对了解松材植物的花发育、加速育种进程、缩短选育时间具有重要意义。

7.1　材料与方法

7.1.1　材料

组织样品采自东北林业大学帽儿山实验林场,取 1a,5a,10a,15a,30a 实生树和 8a 嫁接树的红松顶芽 6 个样品,每个样本重复 3 次。其中 1a 和 5a 处于营养生长期,10a 和 15a 处于营养生长向生殖生长过渡期,30a 处于生殖生长期,8a 嫁接树样本已经结实,处于生殖生长期,取样后液氮速冻保存,用于 RNA 提取。

7.1.2　方法

7.1.2.1　RNA 提取和检测

采用 CTAB 法提取总 RNA。取适量样品进行检测,于-80 ℃保存。利用琼脂糖凝胶电泳分析 RNA 降解程度以及是否有污染;利用紫外分光光度计检测 RNA 的纯度(OD260/OD280);利用 Qubit 对 RNA 浓度进行精确定量;利用 Agilent 2100 精确检测 RNA 的完整性。

7.1.2.2 生物信息学分析

对 raw data 进行数据过滤,去除其中的接头序列及低质量 reads,获得高质量的 clean data。将 clean data 进行序列组装,获得该物种的 UniGene 数据库。

7.1.2.3 测序数据及其质量控制

使用 Illumina Hiseq 高通量测序平台对 cDNA 文库进行测序(表 7-1),产出高质量 reads(raw data)。

表 7-1 碱基质量值与碱基识别出错的概率的对应关系表

碱基质量值	碱基识别出错的概率	碱基识别精度
Q10	1/10	90%
Q20	1/100	99%
Q30	1/1000	99.90%
Q40	1/10000	99.99%

7.1.3 CDS 预测和 SSR 检测

将基因按照 NR 数据库—SwissProt 数据库的优先级顺序进行比对,若比对结果吻合,则从中提取转录本的 ORF 信息,依照标准密码子表将编码区序列翻译成氨基酸序列,而对于比对不吻合的序列,或者未预测出结果的序列,则使用 estscan 3.0.3 软件预测其 ORF,获得这部分基因编码的核酸序列和氨基酸序列。

7.1.4 功能注释

使用 BLAST 软件将 unigenes 序列与 NR、SwissProt、GO、COG、KOG、eggNOG4.5、KEGG 数据库进行比对,使用 KOBAS2.0 得到 unigenes 在 KEGG 中

的 KEGG Orthology 结果,预测完 unigenes 的氨基酸序列之后使用 HMMER 软件与 Pfam 数据库比对,获得 unigenes 的注释信息。

7.1.5   差异表达分析

7.1.5.1   基因差异表达分析

不同试验条件下,差异基因表达量需进行差异表达基因聚类分析。每个比较组合都会得出差异表达基因集,所有差异表达基因集的并集在每个试验组/样品中的 FPKM 值用于层次聚类分析。常用的分析方法有 K-means 聚类分析和 SOM 聚类分析。

7.1.5.2   差异表达基因聚类分析

q 值与 $\log_2$(差异倍数)的火山图可以直观展现二者关系。当样品有生物学重复时,差异表达基因的阈值:padj<0.05 且 $|\log_2$(差异倍数)$|>1$。差异表达基因韦恩图(当组合数 $2 \leqslant N \leqslant 5$ 时),可以将各组比较得到的差异表达基因个数进行统计,得出各差异比较组合之间共有与特有的差异表达基因数目。

7.1.6   差异表达基因 GO 富集分析

首先,把所有差异表达基因向 Gene Ontology 数据库的各个 term 映射,计算 term 的基因数目;然后,找出与整个基因组背景相比,在差异表达基因中显著富集的基因。GO 富集的分析方法为 GOseq,这种方法是基于非中心超几何分布。

7.1.7   差异表达基因 KEGG 富集分析

7.1.7.1   KEGG 富集分析

Pathway 显著性富集分析以 KEGG Pathway 为单位,应用超几何检验,找出差异表达基因相对于所有有注释的基因显著富集的 Pathway。该分析的计算公式：

$$P = 1 - \sum_{i=0}^{m-1} \frac{\binom{M}{i}\binom{N-M}{n-i}}{\binom{N}{n}}$$

式中，N——Pathway 注释的基因数目；

n——差异表达基因的数目；

M——所有基因中注释为某特定 Pathway 的基因数目；

m——注释为某特定 Pathway 的差异表达基因数目。

FDR≤0.05 的 Pathway 定义为在差异表达基因中显著富集的 Pathway，采用 KOBAS 2.0 并设置参数 fdr 为 BH(即使用 BH 校正)进行 Pathway 富集分析。

7.1.7.2　KEGG 富集散点图

KEGG 富集通过 Rich factor、qvalue 和富集到此通路上的基因个数来衡量。Rich factor：差异表达基因中位于该 Pathway 条目的基因数目与所有有注释基因中位于该 Pathway 条目的基因总数的比值。qvalue：经多重假设检验校正的 qvalue，qvalue 取值范围为[0,1]，数值越接近于零，代表富集越显著。

7.1.8　软件列表

本书转录组构建及分析过程中所用软件列表及参数如表 7-2 所示。

表7-2　无参转录组软件列表和参数

分析	软件	版本	参数	备注
拼接	Trinity	v2.4.0	min_kmer_cov:3,其他参数为默认参数	—
聚类	Corset	v1.05	默认参数	根据转录本的 reads 和表达模式对转录本层次聚类
基因功能注释	Diamond	v0.8.22	NR,SwissProt:e-value = 1e-5,--more-sensitive;KOG/COG:e-value = 1e-3,--more-sensitive	NR,KOG/COG,SwissProt
	NCBI BLAST	v2.2.28+	e-value = 1e-5	NT
	KAAS	r140224	e-value = 1e-10	KEGG 注释
	hmmscan	HMMER 3.0	e-value = 0.01	Pfam 注释
	Blast2Go	b2g4pipe_v2.5	e-value = 1.0e-6	GO 注释
比对定量	RSEM	v1.2.15	bowtie2 参数 mismatch 0	与 Trinity 拼接转录本序列比对定量
转录因子鉴定	植物:iTAK 动物:AnimalTFDB	iTAK1.2 AnimalTFDB 2.0	默认参数	转录因子鉴定
SNP 检测	GATK3	v3.4	MQ < 40.0且QD < 2.0	—
SSR 分析	MISA, Primer3	primer3v2.3.4	SSR: 1-10 2-6 3-5 4-5 5-5 6-5	MISA 鉴定 SSR, Primer3 设计引物

续表

分析	软件	版本	参数	备注
差异表达分析	DEGSeq	1.12.0		对于有重复的样品使用 DEGSeq2,
	DESeq2	1.6.3	padj<0.05&	无重复的样品使用 DEGSeq,
	edgeR	3.0.8	$\mid \log 2(\text{FoldChange}) \mid > 1$	特殊情况下使用 edgeR
GO 富集	GOSeq, topGO	1.10.0、2.10.0	Corrected P-Value<0.05	—
KEGG 富集	KOBAS	v2.0.12	Corrected P-Value<0.05	—
蛋白互作分析	NCBI BLAST	v2.2.28+	e-value = 1e-10	通过 NCBI Blast, 得到近缘物种的互作信息

7.2　结果与分析

7.2.1　样品检测结果分析

RNA 提取后,经过检测,样品全部满足建库标准(表 7-3),可以建库,且总量满足 2 次或者 2 次以上建库需要。其中 Y1 为 1a 样本,Y5 为 5a 样本,Y8 为嫁接样本,Y10 为 10a 样本,Y15 为 15a 样本,UP 和 DOWN 为 30a 样本树冠顶端和下部。

表 7-3　样品检测结果

样品名称	样品编号	浓度/ (ng·μL^{-1})	体积/ μL	总量/ μg	检测结果	组织样剩余
Y1-1	BMK190719-T291-010001-01	163.8	21.0	3.4	A	满足 3 次以上提取
Y1-2	BMK190719-T291-010002-01	208.8	21.0	4.4	A	满足 3 次以上提取
Y1-3	BMK190719-T291-010003-01	180.7	21.0	3.8	A	满足 3 次以上提取
Y5-1	BMK190719-T291-010004-01	487.1	21.0	10.2	A	满足 3 次以上提取
Y5-2	BMK190719-T291-010005-01	163.6	21.0	3.4	A	满足 3 次以上提取
Y5-3	BMK190719-T291-010006-01	237.9	21.0	5.0	A	满足 3 次以上提取
Y8-1	BMK190719-T291-010007-01	362.8	21.0	7.6	A	满足 3 次以上提取

续表

样品名称	样品编号	浓度/ （ng·μL⁻¹）	体积/ μL	总量/ μg	检测 结果	组织样 剩余
Y8-2	BMK190719-T291-010008-01	258.3	21.0	5.4	A	满足3次 以上提取
Y8-3	BMK190719-T291-010009-01	738.1	21.0	15.5	A	满足3次 以上提取
Y10-1	BMK190719-T291-010010-01	476.1	21.0	10.0	A	满足3次 以上提取
Y10-2	BMK190719-T291-010011-01	548.7	21.0	11.5	A	满足3次 以上提取
Y10-3	BMK190719-T291-010012-01	259.7	21.0	5.5	A	满足3次 以上提取
Y15-1	BMK190719-T291-010013-01	801.7	21.0	16.8	A	满足3次 以上提取
Y15-2	BMK190719-T291-010014-01	535.2	21.0	11.2	A	满足3次 以上提取
Y15-3	BMK190719-T291-010015-01	822.8	21.0	17.3	A	满足3次 以上提取
UP-1	BMK190719-T291-010016-01	703.0	21.0	14.8	A	满足3次 以上提取
UP-2	BMK190719-T291-010017-01	181.2	21.0	3.8	A	满足3次 以上提取
UP-3	BMK190719-T291-010018-01	474.4	21.0	10.0	A	满足3次 以上提取
DOWN-1	BMK190719-T291-010019-01	208.2	21.0	4.4	A	满足3次 以上提取
DOWN-2	BMK190719-T291-010020-01	372.0	21.0	7.8	A	满足3次 以上提取
DOWN-3	BMK190719-T291-010021-01	166.2	21.0	3.5	A	满足3次 以上提取

注:A 为合格,质量满足建库要求;UP 为 30a 红松上部顶芽;DOWN 为 30a 红松下部顶芽。

7.2.2 表达谱测序结果评估

测序过程中会产生一定的错误率。测序错误率分布检查可以反映测序数据的质量。单个碱基位置的测序错误率通常<1%。剔除低质量的读取,共获得了 134.62 Gb 的 clean reads,每个库的平均碱基数为 6 410 479 768 bp。平均 GC 含量为 45.57%(表 7-4)。使用 Trinity 将 clean reads 组装成 Contig。共获得 100 585 个单基因,总长度为 83 979 734 bp。单基因的平均长度和 N50 长度分别为 834.91 bp 和 1 561 bp。在产生的单基因中,33 408 个(33.21%)为 200~300 bp,24 178 个(24.04%)为 300~500 bp,18 224 个(18.12%)为 500~1 000 bp,14 194 个(14.11%)为 1 000~2 000 bp,10 581 个(10.52%)长于 2 000 bp。

表 7-4 红松顶芽样品转录组测序数据评估统计表

BMK-ID	测序片段数量	碱基数量	GC 含量	≥Q30 的百分比
Y1-1	20519925	6121383856	45.60%	93.87%
Y1-2	21134673	6322107134	45.53%	93.52%
Y1-3	21362703	6370837748	45.33%	93.52%
Y5-1	20576303	6148959698	45.34%	92.78%
Y5-2	21831668	6539584668	46.00%	91.57%
Y5-3	23109509	6920878862	45.56%	91.03%
Y8-1	20467610	6113800394	45.39%	91.03%
Y8-2	24563468	7336444792	45.50%	91.28%
Y8-3	21458535	6405718228	45.80%	92.15%
Y10-1	22486937	6724946572	45.86%	91.72%
Y10-2	24068578	7191349330	45.52%	91.77%
Y10-3	20405749	6094144584	45.71%	91.90%
Y15-1	20310825	6076935294	45.36%	91.73%

续表

BMK-ID	测序片段数量	碱基数量	GC 含量	≥Q30 的百分比
Y15-2	20689964	6196162444	46.70%	91.89%
Y15-3	22374412	6684639910	45.44%	91.89%
UP1	21197523	6335620490	45.28%	92.23%
UP2	20552342	6141612348	45.52%	92.49%
UP3	22044161	6579598124	45.50%	91.99%
DOWN1	21061804	6291428594	45.20%	94.87%
DOWN2	20246833	6051857470	45.41%	95.66%
DOWN3	19967539	5972064580	45.48%	95.54%

注:测序片段数量是 clean reads 中 paired-end reads 总数;碱基数量为 clean reads 总碱基数;GC 含量为 G 和 C 两种碱基占总碱基的百分比;≥Q30 的百分比:质量值大于或等于 30 的碱基所占的百分比。

7.2.3　功能注释

对于单基因注释,笔者使用 blastx 的转录序列进行了比对,其截断值 E 为 10^{-5},与一些公共数据库 NR、SwissProt、GO、COG、KOG、eggNOG4.5 和 KEGG 数据库进行比对。在预测了单基因的氨基酸序列后,使用 HMMER 注释氨基酸序列。总共由上述数据库中的至少一个注释了 58 706 个(58.36%)单基因。GO 分析被广泛用于将推定的基因功能分配给未表征的序列。笔者使用 NR 注释中的信息通过 topGO 软件包将 unigenes 分为许多功能组。生物过程类别中的单基因可划分为几种,即代谢过程、细胞过程和单一生物过程,然后是定位、生物调节和对刺激的反应。在细胞成分类别中,GO 代表细胞、细胞部分、膜和细胞器。而催化活性、结合活性和转运蛋白活性是分子功能类别中三个最有代表性的 GO 条目。在 GO 分析中,总共注释了 33 277 个单基因。除 GO 注释外,COG、eggNOG、KEGG、KOG、SwissProt、NR 和 Pfam 数据库分别注释了总共 18 577 个、51 957 个、19 726 个、32 241 个、30 528 个、52 872 个和 38 956 个单基因(表 7-5)。

表 7-5 unigenes 注释统计表

数据库	注释单基因/个
COG	18577
GO	33277
KEGG	19726
KOG	32241
Pfam	38956
SwissProt	30528
eggNOG	51957
NR	52872
ALL	58706

7.2.4 基因表达分析

7.2.4.1 差异表达基因分析

研究表明,在不同的个体间基因的表达存在生物学可变性,并且不同的基因之间表达的可变程度也有差异,这种可变性是转录组测序技术、qPCR 以及生物芯片等技术都不能消除的。因此,要寻找目标差异表达基因,应考虑和处理因生物学可变性造成的表达差异。目前,在试验设计中设立生物学重复是最常用、最有效的方法,也就是说在同一条件下制备多个生物学样品。为了提高研究的可靠性,应尽可能地限制重复条件,增加重复样品数量。

7.2.4.2 差异表达基因筛选

检测差异表达基因时,需要根据实际情况选取合适的差异表达分析软件。对于有生物学重复的试验,采用 DESeq2 进行样品组间的差异表达分析,获得两个条件之间的差异表达基因集;对于没有生物学重复的试验,则使用 EBSeq 进行差异表达分析,获得两个样品之间的差异表达基因集。

在差异表达分析过程中,采用了公认有效的 Benjamini-Hochberg 方法对原有假设检验得到的显著性 p 值进行校正,并最终采用校正后的 p 值,即 FDR 作为差异表达基因筛选的关键指标,以降低对大量基因的表达值进行独立的统计假设检验带来的假阳性。

为了充分了解不同树龄的顶芽的转录组学变化,笔者使用 DESeq2 来确定与 1a 树木相比,不同树龄的顶芽之间的 DEG。FDR<0.01 和 FC(差异倍数)> 2 的阈值用于识别 DEG。然后使用 RSEM 估算表达水平,并使用 FPKM 方法对表达丰度进行标准化。样品的 DEG 分析结果显示在表 7-6 中。1a 和 5a 红松顶芽中,有 267 个基因差异表达,其中 117 个基因在 5a 顶芽中上调表达,150 个基因在 5a 顶芽中下调表达。1a 和 8a 红松顶芽中有 827 个基因差异表达,其中有 598 个基因在 8a 顶芽中上调表达,229 个基因在 8a 顶芽中下调表达。1a 和 10a 红松顶芽中有 736 个基因差异表达,其中 480 个基因在 10a 顶芽中上调表达,256 个基因在 10a 顶芽中下调表达。在 1a 和 15a 红松顶芽中有 1 485 个基因差异表达,其中有 725 个基因在 15a 红松顶芽中上调表达,760 个基因在红松顶芽中下调表达。1a 和 30a 红松上部顶芽中,存在 1 152 个差异表达基因,在 30a 红松上部顶芽中有 578 个基因上调表达,574 个基因下调表达。

表 7-6　红松顶芽差异表达基因数目统计表

项目	差异表达基因总数/个	上调表达/个	下调表达/个
Y1 vs. Y5	267	117	150
Y1 vs. Y8	827	598	229
Y1 vs. Y10	736	480	256
Y1 vs. Y15	1485	725	760
Y1 vs. UP	1152	578	574
Y5 vs. Y8	4792	4604	188
Y10 vs. Y8	2080	1853	227
Y15 vs. Y8	6417	5811	606
DOWN vs. UP	671	293	378

7.2.4.3 差异表达基因聚类分析

对筛选出的差异表达基因做层次聚类分析,将具有相同或相似表达行为的基因进行聚类,用于展示不同试验条件下基因集的差异表达模式(图7-1),在不同树龄红松顶芽中的差异表达基因表现出多种表达模式。

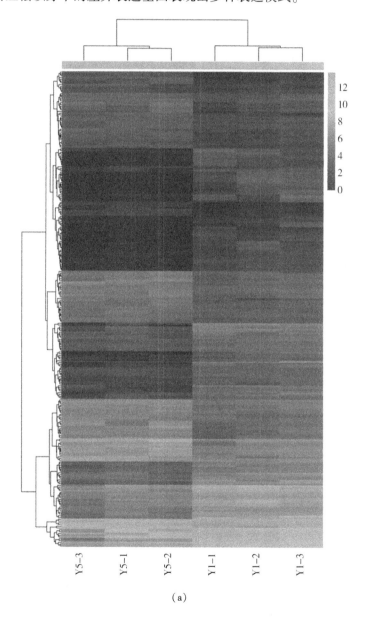

(a)

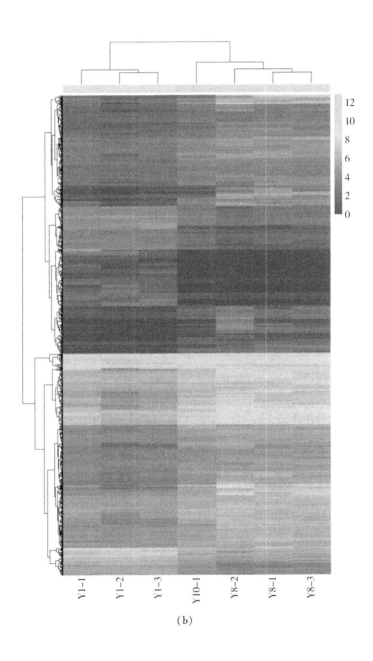

(b)

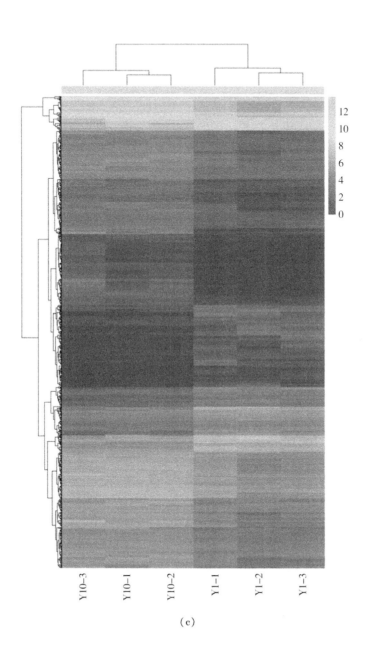

（c）

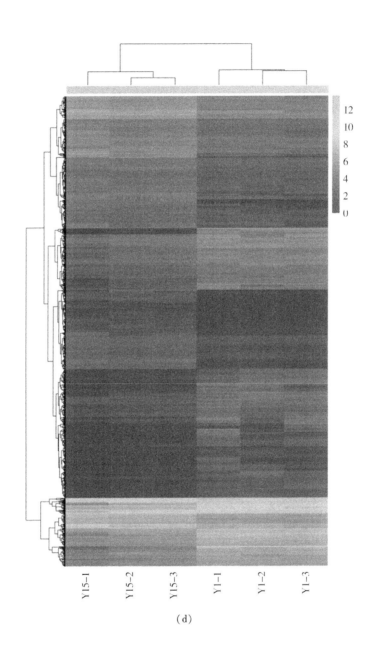

（d）

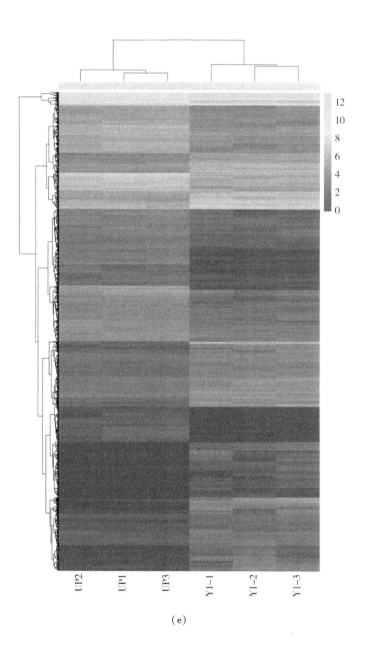

(e)

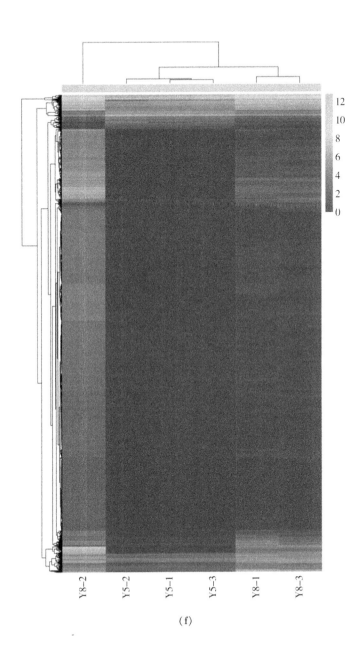

(f)

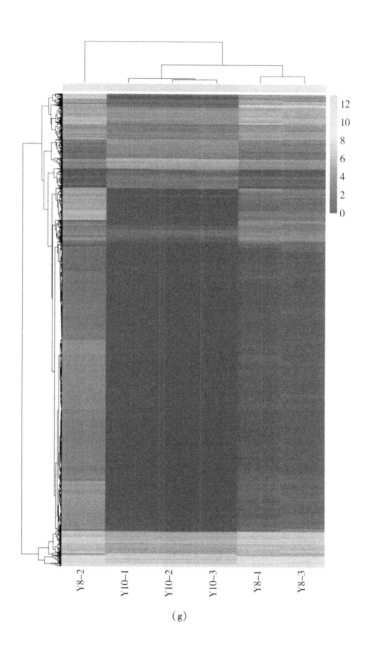

（g）

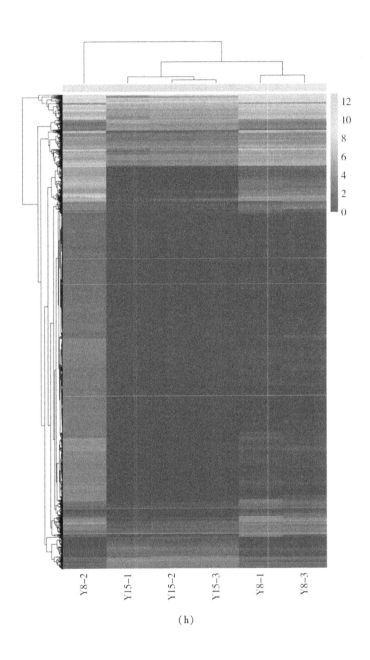

（h）

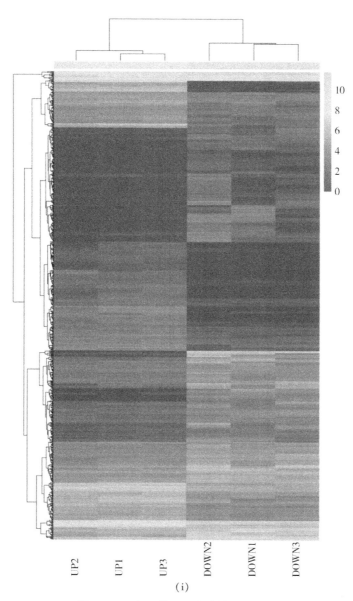

图7-1 红松顶芽差异表达基因聚类分析

注:横坐标为 GO 分类,纵坐标左边为基因数目所占百分比,右边为基因数目。

(a)为1a vs. 5a,(b)为1a vs. 8a,(c)为1a vs. 10a,(d)为1a vs. 15a,(e)为1a vs. UP,

(f)为5a vs. 8a,(g)为8a vs. 10a,(h)为8a vs. 15a,(i)为UP vs. DOWN。

7.2.4.4　差异表达基因功能注释

基于基因在不同样品中的表达量,对识别到的差异表达基因进行功能注释(表7-7),功能注释最多的差异表达基因分别来自于1a和15a,5a和8a,8a和15a,8a和30a,还有15a和30a。这几个时间点具有红松营养生长和生殖生长不同阶段的代表性,分别是营养生长苗期、生殖生长早期、结实盛期和嫁接苗。说明在这些阶段的红松发育过程中,调控营养生长和生殖生长相关的基因大量差异表达,并在营养生长和生殖生长的转换中起到重要调控作用。8a材料是嫁接树。在5a、10a和15a材料与8a嫁接树的比对中可以发现,嫁接树与实生树顶芽之间差异表达基因数量更多,说明嫁接可能影响了基因的表达,差异表达基因可能与嫁接产生的顶芽发育差异有关。

表 7-7　红松顶芽注释的差异表达基因数量统计表

差异表达基因集	注释数目	COG	GO	KEGG	KOG	Pfam	Swiss-Prot	egg-NOG	NR
Y1_vs._Y5	198	74	112	66	100	149	135	174	198
Y1_vs._Y8-1	665	221	398	193	278	495	476	573	662
Y1_vs._Y10	601	236	357	189	257	469	425	539	601
Y1_vs._Y15	1137	438	662	413	531	884	797	1008	1127
Y1_vs._UP	860	341	473	255	371	666	599	739	848
Y5_vs._Y8	4304	1718	1778	2045	3317	3893	2426	4127	3507
Y8_vs._Y10	1861	759	847	822	1278	1644	1131	1754	1597
Y8_vs._Y15	5570	2139	2422	2422	3902	4847	3268	5185	4708
UP_vs._DOWN	475	196	267	148	203	365	344	400	458

注:第三列到最后一列表示各功能数据库注释到的差异表达基因数目。

7.2.4.5　DEG 的基因本体(GO)富集

GO富集分析结果显示,每个样品中的生物过程,如核质运输,ATP水解耦合质子运输,RNA 聚合酶 Ⅱ 启动子转录调控,蛋白酶体泛素依赖性蛋白分解代谢过程以及错误折叠或合成不完全的蛋白质分解代谢过程均显著丰富。这些GO 术语在 5a 树木中的 p 值最小,这意味着其在营养阶段的转录、翻译和能量代谢活动都很强。在 10a 和 15a 中,跨膜转运、蛋白质折叠、碳水化合物代谢过程、细胞内蛋白质转运等项的 p 值较低,表明物质的利用和蛋白质后处理在该时期活跃,表明从营养生长到生殖生长的过渡。GO 数据库是一个结构化的标准生物学注释系统,建立了基因及其产物功能的标准词汇体系,其信息适用于各物种。该数据库结构分为多个层级,层级越低,节点所代表的功能越具体。从图 7-2 中可以看出差异表达基因和所有基因在 GO 各二级功能中的注释情况。

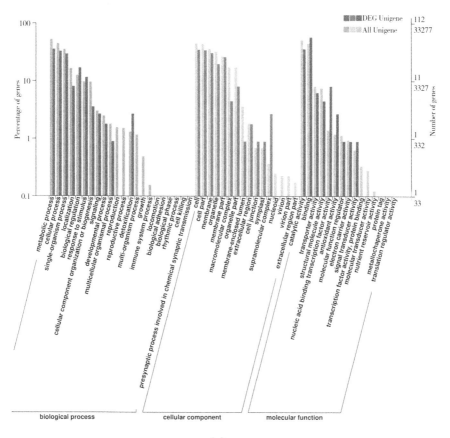

(a)

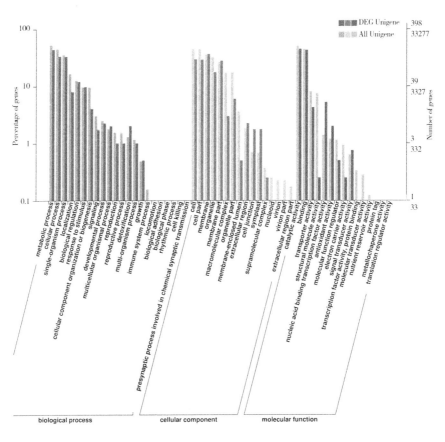

(b)

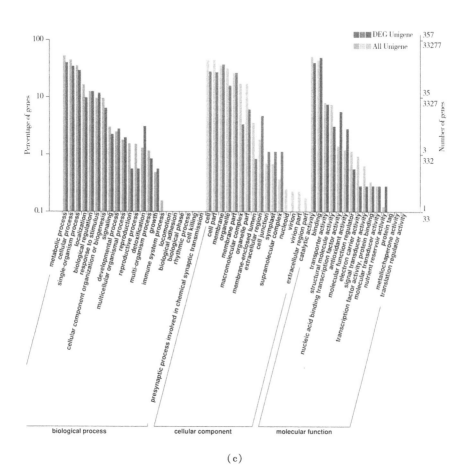

(c)

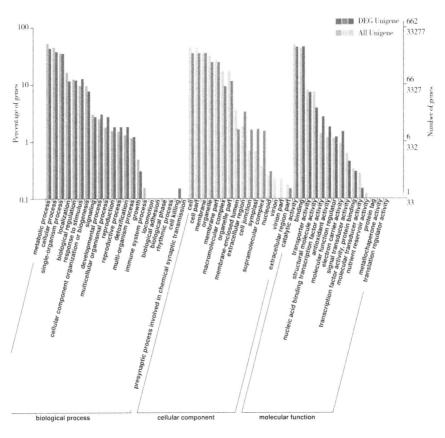

(d)

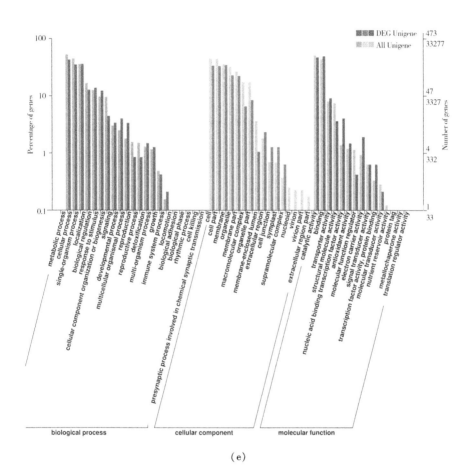

（e）

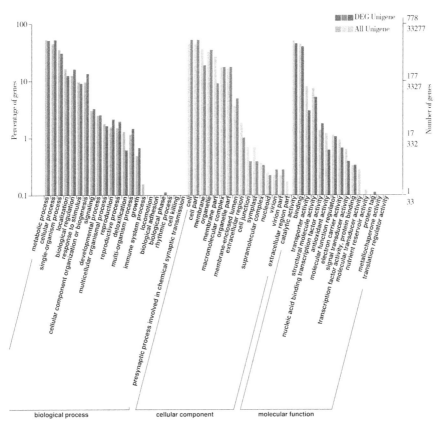

(f)

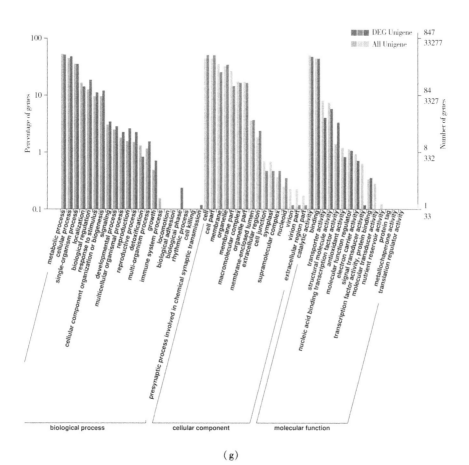

（g）

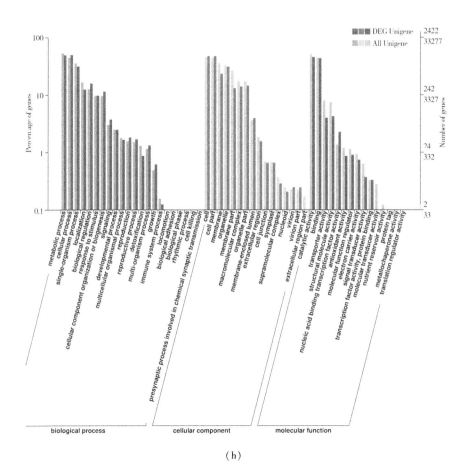

(h)

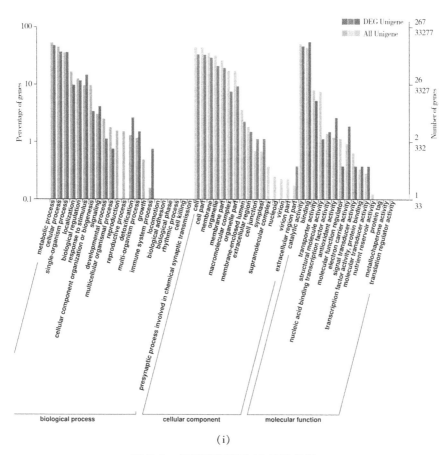

(i)

图 7-2　红松顶芽基因 GO 富集分析

注:横坐标为 GO 分类,纵坐标左边为基因数目所占百分比,右边为基因数目。

此图展示的是在差异表达基因背景和全部基因背景下,GO 各二级功能的基因富集情况,

体现两个背景下各二级功能的地位,具有明显比例差异的二级功能说明

差异表达基因与全部基因的富集趋势不同,可以重点分析此功能是否与差异表达相关。

(a)为 1a vs. 5a,(b)为 1a vs. 8a,(c)为 1a vs. 10a,(d)为 1a vs. 15a,(e)为 1a vs. UP,

(f)为 5a vs. 8a,(g)为 8a vs. 10a,(h)为 8a vs. 15a,(i)为 UP vs. DOWN。

7.2.4.6　差异表达基因的代谢途径富集分析

利用富集因子分析 Pathway 的富集程度,并利用 Fisher 精确检验方法计算富集显著性。使用 KEGG 数据库对差异表达基因进行了代谢途径富集分析,以确定营养生长向生殖生长转换过程中的相关代谢途径。在 1a 和 5a 的对比中,66 个差异表达基因与 34 条 KEGG 通路相关。最重要的富集水平是维生素 B6 的代谢,黄酮和黄酮的生物合成,内质网中的蛋白质加工,萜类骨架的生物合成以及植物与病原体的相互作用。包含最多差异表达基因的途径是内质网(17 个差异表达基因)中的蛋白质加工。在 1a 和 5a 的对比中,内质网中的蛋白质加工代谢途径中的差异表达基因显著富集。1a 和 8a 顶芽的差异表达基因在植物与病原体相互作用、氨基酸与核苷酸代谢途径显著富集。1a 和 10a 顶芽的差异表达基因在内质网中的蛋白质加工代谢途径显著富集。1a 和 15a 顶芽的差异表达基因在内质网中的蛋白质加工代谢途径显著富集。1a 和 30a 顶芽的差异表达基因在植物与病原体相互作用代谢途径显著富集。5a 和 8a 顶芽的差异表达基因在剪接体代谢途径显著富集。8a 和 10a 顶芽的差异表达基因在蛋白酶体代谢途径显著富集。8a 和 15a 顶芽的差异表达基因在剪接体代谢途径显著富集。30a 上部和 30a 下部顶芽的差异表达基因在光合作用代谢途径显著富集。这些差异表达基因富集的代谢途径,可能与红松顶芽不同发育阶段,嫁接苗发育,以及上部顶芽和下部顶芽之间的调控相关。

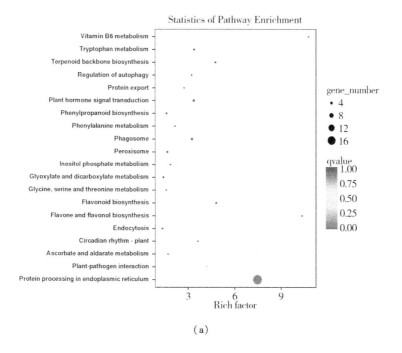

（a）

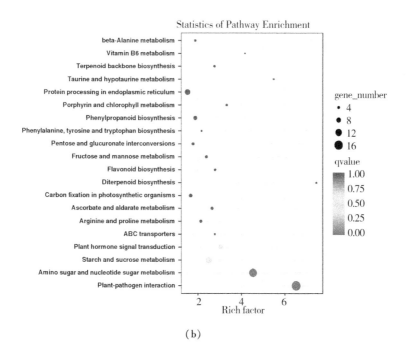

（b）

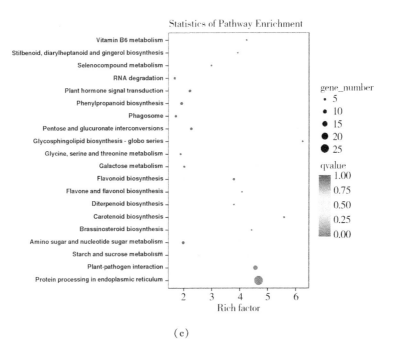

（c）

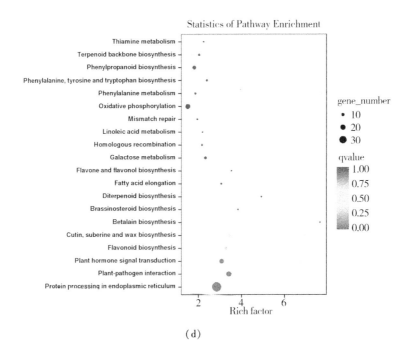

（d）

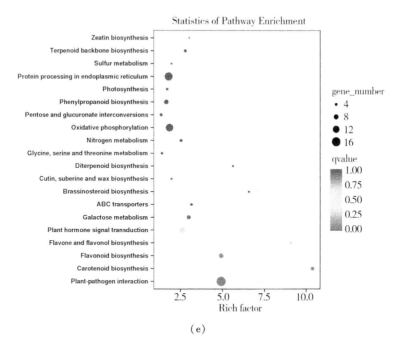

（e）

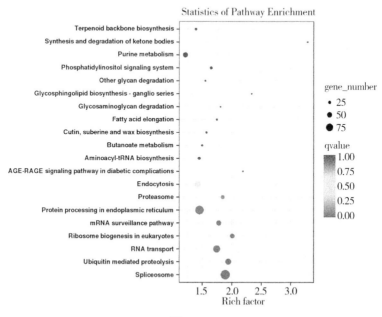

（f）

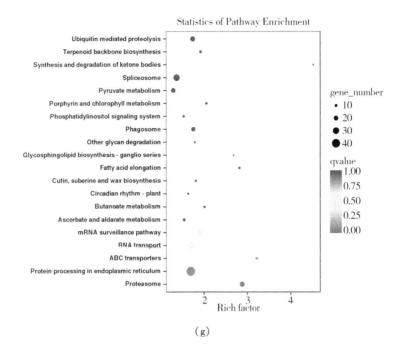

(g)

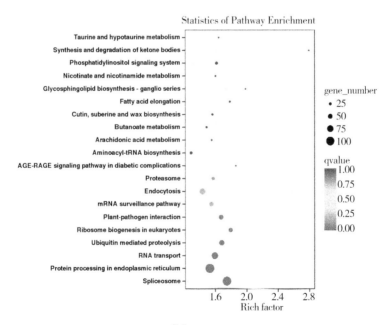

(h)

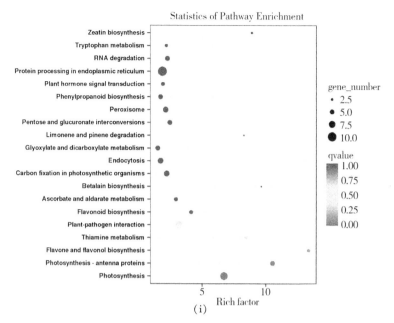

图 7-3　红松顶芽差异表达基因代谢途径富集分析

注:图中每一个圆表示一条 KEGG 通路,纵坐标表示通路名称,横坐标为富集因子,
表示差异表达基因中注释到某条通路的基因比例与所有基因中注释到该条通路的
基因比例的比值。富集因子越大,表示差异表达基因在该通路中的富集水平越显著。
圆圈的颜色代表 qvalue,qvalue 为多重假设检验校正之后的 p 值,
qvalue 越小,表示差异表达基因在该通路中的富集显著性越可靠;圆圈的大小
表示通路中富集的基因数目,圆圈越大,表示基因越多。

(a)为 1a vs. 5a,(b)为 1a vs. 8a,(c)为 1a vs. 10a,(d)为 1a vs. 15a,(e)为 1a vs. UP,
(f)为 5a vs. 8a,(g)为 8a vs. 10a,(h)为 8a vs. 15a,(i)为 UP vs. DOWN。

7.2.4.7　激素信号转导相关基因分析

对激素相关的植物激素信号转导(ko04075)KEGG 通路进行分析(附表 1)。
有 239 个基因与此通路相关,参与激素的代谢调节,本书研究在不同树龄比对
间共鉴定出 140 个差异表达基因,涉及生长素、脱落酸、赤霉素、乙烯等多种植
物生长调节剂的响应。这些差异表达的激素信号转导相关基因,可能和红松营
养生长向生殖生长转换过程中的激素调控途径有关,参与了激素响应的生长发

育调控。

7.2.4.8 花发育相关差异表达基因分析

笔者在差异基因注释中找到与红松开花结实发育相关的差异表达基因,并加以归类,结果发现了各组共 167 个与花发育相关的基因,直接或间接地在红松从营养生长至生殖生长过程中发挥重要作用(附表 2),其中包括 11 个 ABC 模型中的基因,例如 *DAL*、*LHY* 等。其中包括 2 个 *MADSbox* 基因,*WRKY* 基因和 *MYB* 基因等 29 个基因以及控制相关蛋白合成的基因。这些差异表达基因,可能在红松营养生长向生殖生长的转换过程中起着重要调控作用,调控着红松花的发育。

7.3 讨论

在之前的研究中,笔者在草河口林场选用 3a 实生苗、7a 实生树、15a 实生树、30a 实生树、1a 同砧嫁接苗以及 12a 同砧嫁接树作为供试材料。笔者研究红松营养生长与生殖生长转换中内源激素的状态,随着研究的深入,笔者思考红松从营养生长向生殖生长的转换过程中的激素变化可能与基因调控有关,但由于再次从辽宁采样分析已过两年,无法采集同激素分析完全同树龄的样本,所以从东北林业大学帽儿山实验林场再次取样,取 1a、5a、10a、15a、30a 实生树和 8a 嫁接树的红松顶芽 6 个样品,其中 1a 为幼龄,5a 处于营养生长期,10a 和 15a 处于营养生长向生殖生长过渡期,30a 处于生殖生长期,8a 为嫁接样本。笔者发现差异表达基因的树龄不同(以 1a 为对照,5a、10a、15a、30a 和 8a 嫁接样品)。其中,与 1a 相比,在 5a、10a、15a、30a 和 8a 嫁接样品中分别包含 267 个、736 个、1 485 个、1 152 个和 827 个差异表达基因。与 8a 相比,在 5a、10a 和 15a 样本中,分别有 4 792 个、2 080 个和 6 417 个基因差异表达。值得注意的是,差异表达基因的数量会随着树龄的增长而逐渐增加,这表明增长和发育会持续很长时间。8a 嫁接树顶芽和 5a、10a 和 15a 实生树顶芽之间差异表达基因数量更多。这些差异表达的基因,可能与红松从营养生长向生殖生长的转换过程的基因调控有关。

众所周知,树龄是影响植物开花期的主要因素之一。从本书研究的 GO 分析和 KEGG 分析中可以看出,随着树龄的增长,代谢途径主要从糖和有机酸的代谢转移到结构和遗传物质的代谢。这是因为植物在响应相应的信号刺激而转移到生殖生长阶段之前需要一定量的养分,并且随着植物的衰老,植物中糖和代谢所涉及的有机酸含量会增加,抑制代谢途径。因此,植物个体水平上的转换反映在生长和开花的发育结构中。在基因水平上,单基因 c640707. graph_c0 的表达量随时间 JP2(年)增加,并与花粉萌发和花朵发育的调控有关。有关研究表明,在 ABC 模型中 *MADSbox* 等基因在调控植物花发育过程中起着重要作用。在本书研究中,共鉴定 2 个 *MADSbox* 基因(c77275. graph _ c0、c38949. graph_c0),单基因 c38949. graph_c0 的差异性在不同年份中差异显著,在 10a 和 15a 树木中表达水平达到了顶峰。这意味着这些基因在顶芽分化过程中更积极地转录,说明该基因在红松花发育过程中起到促进开花的作用。

研究表明,转录因子在调控花发育过程中起着重要作用,例如 MYB 转录因子、SPL 转录因子、bHLH 转录因子、WRKY 转录因子等,本书研究中鉴定了 WRKY 转录因子(c75815. graph_c2)、响应 NAC(c53390. graph_c0)。这说明随着红松从营养生长向生殖生长转换,这些转录因子调控基因上调或者下调表达,可能参与调控红松花的发育。

已有研究表明,ABA 和 CK 在植物的开花和发育中起着重要作用,并且彼此拮抗。本书中的研究已鉴定了 IAA、ABA、GA 和 CK 等在红松顶芽不同发育阶段的含量变化。在这项研究中,基因 c82790. graph_c0 和 c76037. graph_c0 与激素介导的信号通路和细胞分裂素代谢有关,而基因 c55708. graph_c0 与 ABA 激活的信号通路有关,该基因在 15a 样本中表达量较高。前人研究显示,在生殖阶段 ABA 会富集,以利于细胞的分裂和分化,15a 红松顶芽中的 ABA 激活相关基因表达,可能与 ABA 的富集及向生殖生长转换相关。c61855. graph_c0 被注释为脱落酸羟化酶基因。由 c61855. graph_c0 编码的酶与 ABA 的分解有关,笔者发现该基因的表达量随着树龄的增加逐渐下降。而在 ABA 含量分析中,笔者发现在 30a 红松顶芽中 ABA 含量较高。与 ABA 分解相关基因的表达量下降可能与 ABA 含量的积累有关。在本书研究的 IAA 含量分析中,笔者发现,随着树龄的增加,顶芽中 IAA 的含量逐步下降,在 30a 树体中,顶端高于下部,嫁接树高于实生树。因此,笔者分析了生长素相关基因,发现 *GH3*(c70555. graph_c0)、IAA 失活相关基因(c71682. graph_c0)和生长素应答蛋白(c75157. graph_ c0)等基因,表达量基本随着树龄的升高而下降,嫁接树中的表达量高于实生树,在 30a 的顶端表达量较高。这与前文的含量分析的结果基本一致。有些生长素相关基因在 15a 红松顶芽中表达量较高,这应该和 15a 树体正处在旺盛的高生长阶段有关。

笔者发现,在每个样品的 GO 富集分析中,与能量代谢和细胞发育有关的过程都显著富集。这是因为花朵的发育不仅需要养分的积累,还需要直接能量物质(例如 ATP)的供应。差异表达基因在有机酸和丙酮酸代谢途径中的富集与此有关,而且代谢过程中产生的大量 ATP 不仅与能量供应有关,而且 CK 还是从头合成的重要原料之一。

7.4 本章小结

本研究以 1a,5a,10a,15a,30a 实生树和 8a 嫁接树顶芽为材料进行转录组测序,鉴定不同树龄红松顶芽差异表达基因,差异表达基因的数量会随着树龄的增长而逐渐增加。GO 富集分析结果显示转录、翻译和能量代谢相关基因显著富集表达。KEGG 代谢途径分析结果显示,苯丙烷合成、光合作用等代谢途径差异表达基因显著富集,说明这些基因和代谢途径在红松营养生长向生殖生长转换过程中起了重要作用。鉴定了激素信号转导途径差异表达基因 140 个,花发育相关差异表达基因 167 个,说明这些基因参与了红松营养生长向生殖生长转换过程中激素响应及花的发育调控。

结　　论

红松营养生长阶段时间漫长,具有顶端结实现象、分叉促进结实现象、嫁接缩短结实周期结实现象等。本书的研究从内源激素的角度分析这些现象之间的本质联系,探索红松从营养生长到生殖生长转换过程中内源激素的含量变化和各激素平衡规律。得出以下结论:

1. 红松内源激素在不同生长发育阶段和垂直空间的变化分析

从时间上看:不同树龄红松实生树中生长旺盛的 7a 和 15a 红松顶芽中 (CK + IAA + GA)/ABA 高于幼龄期和成熟的红松;进入生殖生长阶段,顶芽中 ABA/GA 比值低于未成熟的 ABA/GA 比值,这种变化可能表明低比值的 ABA/GA 有利于红松营养生长向生殖生长转换;生长活跃、旺盛、迅速的营养生长阶段 iPA/ZR 比值接近 1,而成熟阶段的 iPA/ZR 小于 1,幼龄期 iPA/ZR 大于 1,因此认为 iPA/ZR 模式可以作为判断红松从营养生长进入生殖生长的主要标志。

从空间上看:红松上部枝条顶芽 ZR、IAA、GA 含量及(CK + IAA + GA)/ABA 比值较下部枝条顶芽高,表明上部枝条顶芽生长促进类激素活性高于下部枝条顶芽。8 月 19 日前,上、下部枝条顶芽 iPA/ZR 比值均小于 1;8 月 19 日之后,下部枝条顶芽 iPA/ZR 比值增大,可能表明雄球花花芽形态分化需要 iPA,上部枝条顶芽 iPA/ZR 比值较低可能说明雌球花花芽形态分化过程中需要高浓度 ZR。因此,推断雌、雄球花花芽分化过程与 iPA/ZR 比值相关。

2. 嫁接和截顶措施对红松内源激素的变化产生深刻影响

嫁接后(CK + IAA + GA)/ABA 比值高于同龄红松实生苗,短期内降低了 ABA/GA 比值;嫁接后 iPA/ZR 比值的模型意义与实生树结论类似;iPA/ZR 比值大于 1 表示红松正在营养生长,iPA/ZR 比值小于 1 表示红松进入生殖生长,但 1a 嫁接苗 iPA/ZR 比值小于 1,却属于营养生长阶段,看似与这种比值模式的结果相悖,但 1a 嫁接苗接穗来自成年树,iPA/ZR 比值变化正好说明成年树接穗中 iPA/ZR 比值小于 1 是合理的。

截顶打破原有的激素平衡,各种内源激素重新分配,相比未截顶侧枝,截顶后侧枝代替主枝生长后,顶芽 GA、IAA 含量短期内减少,之后逐渐增加;截顶增加了侧枝 ZR、iPA 含量;ABA 含量短期内迅速增加,之后逐步降低。红松截顶后侧枝(CK + IAA + GA)/ABA 比值较未截顶侧枝(CK + IAA + GA)/ABA 比值增大,生长促进类激素占优势。截顶后侧枝较之前侧枝 ABA/GA 比值变小,低比值表明截顶后侧枝正向快速生长方向发展。

3. 红松顶芽材料转录组中激素信号转导和花发育相关差异表达基因丰富

差异表达基因的数量会随着红松树龄的增长而逐渐增加。GO 富集分析结果显示,转录、翻译和能量代谢相关基因显著富集表达。KEGG 代谢途径分析结果显示,苯丙烷合成、光合作用等代谢途径差异表达基因显著富集,说明这些基因和代谢途径在红松营养生长向生殖生长转换过程中起了重要作用。鉴定了激素信号转导途径差异表达基因 140 个,花发育相关差异表达基因 167 个,说明这些基因参与了红松营养生长向生殖生长转换过程中激素响应及花的发育调控。

本书研究创新之处:

(1)提出红松生长营养生长向生殖生长转换不仅仅取决于某种内源激素的绝对含量,而且取决于各内源激素的相对含量,(CK + IAA + GA)/ABA、ABA/GA、iPA/ZR 比值等在红松营养生长与生殖生长转换过程中具有重要的参考作用。

(2)提出 iPA/ZR 比值模型作为判断红松从营养生长进入生殖生长的主要标志,并从接穗复幼、嫁接促进结实,花芽分化的分布格局与内源激素的关系进一步证明此模型的正确性。为将来人工缩短红松结实周期、增加结实量采取的优化 PGR 措施提供理论基础。

(3)以不同发育阶段红松顶芽为材料进行转录组测序,鉴定了激素信号转导途径差异表达基因 140 个,花发育相关差异表达基因 167 个,说明这些基因和代谢途径在红松营养生长向生殖生长转换过程中起了重要作用。

下一步建议:

(1)本书通过研究发现,iPA/ZR 比值在红松营养生长与生殖生长转换过程中具有重要的参考作用,建议下一步在应用外源植物生长调节剂时,应充分考虑 iPA/ZR 比值。

（2）由于没有在同一时间、同一地区收集到嫁接 2a～6a 的试验材料，下一步应继续收集 2a～6a 的嫁接试验材料，分析 iPA/ZR 比值变化规律，证明嫁接后的 iPA/ZR 比值可作为复幼特征。从嫁接角度进一步证明 iPA/ZR 比值可以作为红松营养生长与生殖生长转换的主要标志。

附　　录

附录 1

附图 1　顶端结实现象

附图 2　红松分叉现象

附图 3　截顶试验

附图 4　截顶单株

附图 5　截顶利用

附图 6　嫁接苗圃地

附图 7　当年嫁接苗

附图 8　嫁接缩短结实周期

附录 2

附表 1　红松激素通路途径相关基因

#ID	$\log_2$FC	regulated	annotation
1a vs. 5a			
c61964. graph_c0	1. 572278	up	pathogenesis − related protein 1C OS = Nicotiana tabacum OX = 4097 PE = 2 SV = 3
c70555. graph_c0	−1. 47088	down	GH3 auxin − responsive promoter ［Macleaya cordata］
c71682. graph_c0	−1. 43047	down	PREDICTED：indole − 3 − acetic acid − amido synthetase GH3. 17［Vitis vinifera］
1a vs. 8a			
c51975. graph_c1	1. 26022	up	PREDICTED：regulatory protein NPR3 − like ［Lupinus angustifolius］
c61964. graph_c0	2. 908984	up	pathogenesis − related protein 1C OS = Nicotiana tabacum OX = 4097 PE = 2 SV = 3
c71682. graph_c0	−2. 171	down	PREDICTED：indole − 3 − acetic acid − amido synthetase GH3. 17［Vitis vinifera］
c77996. graph_c0	1. 291754	up	auxin−induced protein 3［Pinus taeda］
c79680. graph_c0	−1. 13237	down	hypothetical protein PHYPA ＿ 002406 ［Physcomitrella patens］
1a vs. 10a			
c67238. graph_c0	−1. 07945	down	two − component response regulator ORR23 OS = Oryza sativa subsp. indica OX = 39946 GN = RR23 PE = 3 SV = 1
c70555. graph_c0	−1. 0644	down	GH3 auxin − responsive promoter ［Macleaya cordata］
c71682. graph_c0	−1. 89445	down	PREDICTED：indole − 3 − acetic acid − amido synthetase GH3. 17［Vitis vinifera］

续表

#ID	log$_2$FC	regulated	annotation
c77996. graph_c0	1. 338992	up	auxin-induced protein 3 [Pinus taeda]
1a vs. 15a			
c25031. graph_c0	1. 429006	up	F-box protein GID2 OS = Arabidopsis thaliana OX = 3702 GN = GID2 PE = 1 SV = 1
c36500. graph_c0	1. 546057	up	PREDICTED: auxin-responsive protein SAUR71-like [Pyrus × bretschneideri]
c59401. graph_c1	-1. 03764	down	predicted protein [Physcomitrella patens]
c65826. graph_c0	-1. 16416	down	hypothetical protein POPTR _ 002G125400v3 [Populus trichocarpa]
c66986. graph_c0	1. 046161	up	protein TIFY 10B OS = Oryza sativa subsp. indica OX = 39946 GN = TIFY10B PE = 3 SV = 1
c67238. graph_c0	-1. 59719	down	two-component response regulator ORR23 OS = Oryza sativa subsp. indica OX = 39946 GN = RR23 PE = 3 SV = 1
c67912. graph_c0	1. 522112	up	auxin-responsive protein IAA13 OS = Arabidopsis thaliana OX = 3702 GN = IAA13 PE = 1 SV = 2
c70384. graph_c0	-1. 00264	down	ABI5-like protein, partial [Pinus taeda]
c70555. graph_c0	-1. 21234	down	GH3 auxin - responsive promoter [Macleaya cordata]
c71412. graph_c0	-2. 24483	down	pathogenesis-related protein PRB1 - 3 [Morus notabilis]
c72346. graph_c0	-2. 67996	down	hypothetical protein AXG93 _ 3228s1230 [Marchantia polymorpha subsp. ruderalis]
c73223. graph_c0	-2. 41992	down	ERF15 [Taxus wallichiana var. chinensis]
c75157. graph_c0	1. 101148	up	auxin-responsive protein IAA7 [Picea abies]
c79680. graph_c0	-1. 00296	down	hypothetical protein PHYPA _ 002406 [Physcomitrella patens]
c79955. graph_c0	-1. 67135	down	hypothetical protein PHAVU _ 008G176300g [Phaseolus vulgaris]

续表

#ID	log$_2$FC	regulated	annotation
c81470. graph_c0	1. 587136	up	protein TIFY 9 OS = Arabidopsis thaliana OX = 3702 GN=TIFY9 PE=1 SV=1

1a vs. UP

c25031. graph_c0	1. 367014	up	F-box protein GID2 OS=Arabidopsis thaliana OX= 3702 GN=GID2 PE=1 SV=1
c59401. graph_c1	−1. 16125	down	predicted protein [Physcomitrella patens]
c61964. graph_c0	1. 562921	up	pathogenesis−related protein 1C OS = Nicotiana tabacum OX=4097 PE=2 SV=3
c65826. graph_c0	−1. 89515	down	hypothetical protein POPTR _ 002G125400v3 [Populus trichocarpa]
c71682. graph_c0	−1. 33164	down	PREDICTED: indole − 3 − acetic acid − amido synthetase GH3. 17[Vitis vinifera]
c72179. graph_c0	−2. 39266	down	protein TIFY 10A OS = Arabidopsis thaliana OX = 3702 GN=TIFY10A PE=1 SV=1
c76653. graph_c1	−1. 00471	down	PREDICTED: probable protein phosphatase 2C 50 [Musa acuminata subsp. malaccensis]
c79955. graph_c0	−2. 756	down	hypothetical protein PHAVU _ 008G176300g [Phaseolus vulgaris]

5a vs. 8a

c37495. graph_c0	6. 019517	up	MAP kinase [Basidiobolus meristosporus CBS 931. 73]
c59104. graph_c0	−1. 51466	down	F-box protein GID2 OS=Arabidopsis thaliana OX= 3702 GN=GID2 PE=1 SV=1
c59612. graph_c1	−2. 48231	down	auxin − responsive protein SAUR50 OS = Arabidopsis thaliana OX=3702 GN=SAUR50 PE =1 SV=1
c61686. graph_c0	7. 015902	up	sporangia induced mitogen − activated protein kinase [Albugo laibachii Nc14]

续表

#ID	$\log_2 FC$	regulated	annotation
c67454. graph_c0	−1.67075	down	hypothetical protein AXG93 _ 1130s1520 [Marchantia polymorpha subsp. ruderalis]
c69531. graph_c0	−1.62288	down	F−box protein GID2 OS＝Arabidopsis thaliana OX＝3702 GN＝GID2 PE＝1 SV＝1
c70555. graph_c0	−1.80354	down	GH3 auxin − responsive promoter [Macleaya cordata]
c73223. graph_c0	3.815886	up	ERF15 [Taxus wallichiana var. chinensis]
c73881. graph_c0	−2.1537	down	response regulator 1 protein [Pinus pinaster]
5a vs. 15a			
c36500. graph_c0	1.337463	up	PREDICTED:auxin−responsive protein SAUR71−like [Pyrus × bretschneideri]
c66858. graph_c1	−1.71913	down	response regulator 1 [Pinus pinea]
5a vs. UP			
c66986. graph_c0	−1.05483	down	protein TIFY 10B OS＝Oryza sativa subsp. indica OX＝39946 GN＝TIFY10B PE＝3 SV＝1
c78078. graph_c0	1.492663	up	hypothetical protein AXG93 _ 3105s1420 [Marchantia polymorpha subsp. ruderalis]
8a vs. 10a			
c51975. graph_c1	−1.23009	down	PREDICTED: regulatory protein NPR3 − like [Lupinus angustifolius]
c54680. graph_c0	1.085822	up	protein kinase domain [Macleaya cordata]
c59612. graph_c1	2.179999	up	auxin − responsive protein SAUR50 OS ＝ Arabidopsis thaliana OX＝3702 GN＝SAUR50 PE＝1 SV＝1
c67454. graph_c0	2.035798	up	hypothetical protein AXG93 _ 1130s1520 [Marchantia polymorpha subsp. ruderalis]
c69531. graph_c0	1.936375	up	F−box protein GID2 OS＝Arabidopsis thaliana OX ＝3702 GN＝GID2 PE＝1 SV＝1

续表

#ID	$\log_2 FC$	regulated	annotation
c70555. graph_c0	2. 237779	up	GH3 auxin － responsive promoter ［Macleaya cordata］
c73223. graph_c0	－2. 66497	down	ERF15 ［Taxus wallichiana var. chinensis］
c73881. graph_c0	1. 927834	up	response regulator 1 protein ［Pinus pinaster］
c75925. graph_c0	－2. 85606	down	abscisic acid receptor PYL7 OS = Arabidopsis thaliana OX = 3702 GN = PYL7 PE = 1 SV = 1
8a vs. 15a			
c26166. graph_c0	6. 088304	up	auxin－induced GH3 protein ［Pinus pinaster］
c36500. graph_c0	3. 037539	up	PREDICTED:auxin－responsive protein SAUR71－like ［Pyrus × bretschneideri］
c37495. graph_c0	－6. 70362	down	MAP kinase ［Basidiobolus meristosporus CBS 931. 73］
c51975. graph_c1	－1. 00336	down	PREDICTED: regulatory protein NPR3 － like ［Lupinus angustifolius］
c54680. graph_c0	1. 318366	up	protein kinase domain ［Macleaya cordata］
c55524. graph_c0	1. 539177	up	abscisic acid receptor PYL2 ［Amborella trichopoda］
c59612. graph_c0	2. 980218	up	hypothetical protein 2 _ 9345 _ 01, partial ［Pinus radiata］
c59612. graph_c1	2. 181034	up	auxin － responsive protein SAUR50 OS = Arabidopsis thaliana OX = 3702 GN = SAUR50 PE = 1 SV = 1
c61686. graph_c0	－7. 65851	down	sporangia induced mitogenactivated protein kinase ［Albugo laibachii Nc14］
c61964. graph_c0	－4. 1483	down	pathogenesis － related protein 1C OS = Nicotiana tabacum OX = 4097 PE = 2 SV = 3
c65479. graph_c0	－1. 08624	down	serine/threonine － protein kinase SRK2A OS = Physcomitrella patens subsp. patens OX = 3218 GN = SRK2A PE = 1 SV = 1

续表

#ID	$\log_2 FC$	regulated	annotation
c67238. graph_c0	−1. 20493	down	two−component response regulator ORR23 OS = Oryza sativa subsp. indica OX = 39946 GN = RR23 PE = 3 SV = 1
c68758. graph_c0	1. 331347	up	hypothetical protein AMTR _ s00146p00095280 [Amborella trichopoda]
c70555. graph_c0	2. 137694	up	GH3 auxin−responsive promoter [Macleaya cordata]
c70621. graph_c0	−2. 60347	down	auxin responsive family − like protein, partial [Picea sitchensis]
c72902. graph_c0	−1. 17387	down	PREDICTED: probable protein phosphatase 2C 53 [Nelumbo nucifera]
c72969. graph_c0	−6. 73101	down	unknown [Picea sitchensis]
c73223. graph_c0	−5. 60199	down	ERF15 [Taxus wallichiana var. chinensis]
c75157. graph_c0	1. 324688	up	auxin−responsive protein IAA7 [Picea abies]
c75298. graph_c0	−1. 36572	down	transcription factor MYC4 OS = Arabidopsis thaliana OX = 3702 GN = MYC4 PE = 1 SV = 1
c77996. graph_c0	−1. 70515	down	auxin−induced protein 3 [Pinus taeda]
c81347. graph_c0	1. 166611	up	PREDICTED: cyclin − D3 − 3 [Fragaria vesca subsp. vesca]
c83330. graph_c0	−5. 67906	down	xyloglucan endotransglucosylase/hydrolase 2 OS = Glycine max OX = 3847 PE = 2 SV = 1
8a vs. UP			
c36500. graph_c0	2. 722573	up	PREDICTED: auxin−responsive protein SAUR71−like [Pyrus × bretschneideri]
c51975. graph_c1	−1. 34058	down	PREDICTED: regulatory protein NPR3 − like [Lupinus angustifolius]
c54680. graph_c0	1. 221124	up	protein kinase domain [Macleaya cordata]
c59612. graph_c1	1. 911163	up	auxin − responsive protein SAUR50 OS = Arabidopsis thaliana OX = 3702 GN = SAUR50 PE = 1 SV = 1

续表

#ID	$\log_2 FC$	regulated	annotation
c61686. graph_c0	−6. 85857	down	sporangia induced mitogenactivated protein kinase [Albugo laibachii Nc14]
c61964. graph_c0	−3. 03879	down	pathogenesis − related protein 1C OS = Nicotiana tabacum OX = 4097 PE = 2 SV = 3
c65826. graph_c0	−1. 61762	down	hypothetical protein POPTR _ 002G125400v3 [Populus trichocarpa]
c66986. graph_c0	−1. 71059	down	protein TIFY 10B OS = Oryza sativa subsp. indica OX = 39946 GN = TIFY10B PE = 3 SV = 1
c67454. graph_c0	2. 25869	up	hypothetical protein AXG93 _ 1130s1520 [Marchantia polymorpha subsp. ruderalis]
c69531. graph_c0	1. 622874	up	F−box protein GID2 OS = Arabidopsis thaliana OX = 3702 GN = GID2 PE = 1 SV = 1
c70555. graph_c0	2. 57837	up	GH3 auxin − responsive promoter [Macleaya cordata]
c71742. graph_c0	−1. 29539	down	protein TIFY 6B OS = Oryza sativa subsp. japonica OX = 39947 GN = TIFY6B PE = 1 SV = 1
c72179. graph_c0	−2. 39266	down	protein TIFY 10A OS = Arabidopsis thaliana OX = 3702 GN = TIFY10A PE = 1 SV = 1
c72902. graph_c0	−1. 15098	down	PREDICTED: probable protein phosphatase 2C 53 [Nelumbo nucifera]
c73223. graph_c0	−2. 76843	down	ERF15 [Taxus wallichiana var. chinensis]
c73881. graph_c0	1. 573328	up	response regulator 1 protein [Pinus pinaster]
c75925. graph_c0	−3. 9768	down	abscisic acid receptor PYL7 OS = Arabidopsis thaliana OX = 3702 GN = PYL7 PE = 1 SV = 1
c77691. graph_c0	−1. 36725	down	probable carboxylesterase 18 OS = Arabidopsis thaliana OX = 3702 GN = CXE18 PE = 1 SV = 1
10a vs. 15a			
c36500. graph_c0	1. 136031	up	PREDICTED: auxin−responsive protein SAUR71− like [Pyrus × bretschneideri]

续表

#ID	$\log_2 FC$	regulated	annotation
c66858. graph_c1	−2.28888	down	response regulator 1 [Pinus pinea]
c70621. graph_c0	−2.16216	down	auxin responsive family − like protein, partial [Picea sitchensis]
c77090. graph_c1	−2.58503	down	pathogenesis − related protein 1A OS = Nicotiana tabacum OX = 4097 PE = 1 SV = 1
c77996. graph_c0	−1.80755	down	auxin−induced protein 3 [Pinus taeda]
c81235. graph_c0	1.11812	up	AUX4 [Pinus tabuliformis]
c83330. graph_c0	−3.28267	down	xyloglucan endotransglucosylase/hydrolase 2 OS = Glycine max OX = 3847 PE = 2 SV = 1
10a vs. UP			
c65826. graph_c0	−1.4789	down	hypothetical protein POPTR _ 002G125400v3 [Populus trichocarpa]
c66986. graph_c0	−1.16783	down	protein TIFY 10B OS = Oryza sativa subsp. indica OX = 39946 GN = TIFY10B PE = 3 SV = 1
c72179. graph_c0	−2.90461	down	protein TIFY 10A OS = Arabidopsis thaliana OX = 3702 GN = TIFY10A PE = 1 SV = 1
c83330. graph_c0	−1.22732	down	xyloglucan endotransglucosylase/hydrolase 2 OS = Glycine max OX = 3847 PE = 2 SV = 1
15a vs. UP			
c26166. graph_c0	−2.28319	down	auxin−induced GH3 protein [Pinus pinaster]
c66858. graph_c1	1.795027	up	response regulator 1 [Pinus pinea]
c66986. graph_c0	−1.57031	down	protein TIFY 10B OS = Oryza sativa subsp. indica OX = 39946 GN = TIFY10B PE = 3 SV = 1
c70621. graph_c0	1.613572	up	auxin responsive family − like protein, partial [Picea sitchensis]
c72179. graph_c0	−2.71827	down	protein TIFY 10A OS = Arabidopsis thaliana OX = 3702 GN = TIFY10A PE = 1 SV = 1
c73223. graph_c0	2.193832	up	ERF15 [Taxus wallichiana var. chinensis]

续表

#ID	log₂FC	regulated	annotation
c74202. graph_c0	1.070144	up	auxin−responsive protein IAA13 OS = Arabidopsis thaliana OX = 3702 GN = IAA13 PE = 1 SV = 2
c75157. graph_c0	−1.11298	down	auxin−responsive protein IAA7 [Picea abies]
c77996. graph_c0	1.237708	up	auxin−induced protein 3 [Pinus taeda]
c78078. graph_c0	1.414003	up	hypothetical protein AXG93 _ 3105s1420 [Marchantia polymorpha subsp. ruderalis]
c79938. graph_c0	2.398527	up	hypothetical protein 0 _ 11684 _ 01, partial [Pinus radiata]
c79955. graph_c0	−1.24281	down	hypothetical protein PHAVU _ 008G176300g [Phaseolus vulgaris]
c83330. graph_c0	2.489606	up	xyloglucan endotransglucosylase/hydrolase 2 OS = Glycine max OX = 3847 PE = 2 SV = 1
UP vs. DOWN			
c47836. graph_c0	2.15491	up	histidine−containing phosphotransfer protein 5 OS = Arabidopsis thaliana OX = 3702 GN = AHP5 PE = 1 SV = 2
c52668. graph_c0	−1.03617	down	RGA [Pinus tabuliformis]
c55708. graph_c0	−1.10886	down	abscisic acid receptor PYL8 OS = Arabidopsis thaliana OX = 3702 GN = PYL8 PE = 1 SV = 1
c64648. graph_c0	1.067162	up	two − component response regulator ARR3 OS = Arabidopsis thaliana OX = 3702 GN = ARR3 PE = 2 SV = 1

附表 2 红松花发育相关差异基因

#ID	FDR	log₂FC	regulated	nr_annotation
1a vs. 5a				
c38949. graph_c0	5.64E−05	2.585491	up	putative MADSbox transcription factor PrMADS7 [Pinus radiata]

续表

#ID	FDR	$\log_2$FC	regulated	nr_annotation
c75815. graph_c2	0. 005004	1. 694122	up	putative WRKY transcription factor 50 [Dichanthelium oligosanthes]
c81359. graph_c0	0. 001914	1. 575444	up	kinesin Orph Ⅱ protein [Marsilea vestita]
c76850. graph_c0	0. 001859	−1. 43844	down	putative LHY [Cryptomeria japonica]
1a vs. 8a				
c71682. graph_c0	9. 46E−05	−1. 43047	down	PREDICTED:indole−3−acetic acid−amido synthetase GH3. 17 [Vitis vinifera]
c72626. graph_c1	0. 000659	−1. 56297	down	nuclear transcription factor Y subunit C−9−like protein [Trifolium pratense]
c55269. graph_c0	0. 005182	−1. 0701	down	zinc finger HIT domain−containing protein 2 isoform X2 [Helianthus annuus]
c53199. graph_c0	0. 002918	1. 932905	up	acid phosphatase 1 [Amborella trichopoda]
c75815. graph_c2	0. 005004	1. 694122	up	putative WRKY transcription factor 50 [Dichanthelium oligosanthes]
c75161. graph_c0	0. 003723	1. 464399	up	PREDICTED:E3 ubiquitin − protein ligase ORTHRUS 2 − like [Phoenix dactylifera]
c70310. graph_c0	7. 21E−06	−1. 71133	down	ultraviolet−B receptor UVR8 isoform X4 [Amborella trichopoda]
1a vs. 10a				
c61855. graph_c0	1. 14E−06	−2. 89188	down	abscisic acid 8 & apos;−hydroxylase 1−like [Hevea brasiliensis]
c69865. graph_c1	0. 000209	−1. 11831	down	zinc finger CCCH domain − containing protein 18 isoform X6 [Amborella trichopoda]

续表

#ID	FDR	$\log_2$FC	regulated	nr_annotation
c58052. graph_c0	3. 25E−05	2. 745192	up	glucuronidase [Rasamsonia emersonii]
c81754. graph_c0	0. 000821	1. 168233	up	F − box/kelch − repeat protein At3g24760 [Amborella trichopoda]
c76454. graph_c0	0. 000436	−1. 05289	down	R2R3MYB12 [Ginkgo biloba]
c50050. graph_c0	3. 41E−08	−3. 287	down	heat shock protein 70 family [Macleaya cordata]
c84021. graph_c0	3. 12E−09	1. 994706	up	clavata 1−like protein [Pinus pinaster]
c63166. graph_c0	0. 001944	2. 234504	up	thiamine thiazole synthase [Hortaea werneckii EXF−2000]
c38334. graph_c0	0. 001933	−1. 0022	down	zinc finger protein 6 − like [Dorcoceras hygrometricum]
c77350. graph_c2	5. 08E−25	1. 836901	up	dal1 [Picea abies]
c72816. graph_c0	0. 000238	1. 004232	up	vacuolar protein 8 [Amborella trichopoda]
c76850. graph_c0	1. 39E−08	−1. 50781	down	putative LHY [Cryptomeria japonica]
c61542. graph_c1	0. 009683	1. 293848	up	ethylene − responsive element binding factor [Pinus krempfii]
c69265. graph_c0	1. 82E−05	2. 734787	up	DAL3 [Pinus tabuliformis]
c70743. graph_c0	0. 000692	1. 069447	up	auxin induced − like protein [Picea sitchensis]
c66662. graph_c0	1. 29E−07	−1. 15607	down	dnaJ protein homolog [Ananas comosus]
1a vs. 15a				
c24876. graph_c0	0. 000409	1. 946027	up	WUSCHEL homeobox protein [Pinus pinaster]
c66509. graph_c0	9. 02E−13	2. 28303	up	SPL3 [Pinus tabuliformis]

续表

#ID	FDR	$\log_2 FC$	regulated	nr_annotation
c73606. graph_c0	1.40E−11	1.975258	up	PREDICTED：flowering−promoting factor 1−like protein 3［Nelumbo nucifera］
c75241. graph_c0	0.000571	1.192983	up	PREDICTED：jmjC domain − containing protein 4［Elaeis guineensis］
c66026. graph_c1	0.002071	1.166736	up	FHA domain − containing protein PS1 isoform X2［Amborella trichopoda］
c70652. graph_c0	0.004542	1.562635	up	zinc finger family protein, partial［Picea abies］
c78641. graph_c0	0.006291	2.314062	up	DAL3［Pinus tabuliformis］
c81754. graph_c0	0.00333	1.123892	up	F−box/kelch−repeat protein At3g24760［Amborella trichopoda］
c50050. graph_c0	9.55E−10	−4.05649	down	heat shock protein 70 family［Macleaya cordata］
c66748. graph_c0	2.97E−07	−1.24514	down	PREDICTED：dnaJ homolog subfamily B member 8 isoform X4［Prunus mume］
c81140. graph_c0	0.002559	1.256585	up	vacuolar protein sorting − associated protein IST1 isoform X1［Amborella trichopoda］
c64330. graph_c0	0.007974	−1.10842	down	constans−like 1 protein［Pinus taeda］
c74194. graph_c0	0.007566	−1.8244	down	WRKY2 transcription factor［Ginkgo biloba］
c54956. graph_c0	0.000393	−2.81678	down	PREDICTED：cysteine protease XCP1［Elaeis guineensis］
c70555. graph_c0	0.002782	−1.21234	down	GH3 auxin − responsive promoter［Macleaya cordata］
c77678. graph_c0	0.005251	1.152277	up	DNA topoisomerase［Macleaya cordata］

续表

#ID	FDR	$\log_2 FC$	regulated	nr_annotation
c58572. graph_c0	0.002767	1.193545	up	PREDICTED: flowering-promoting factor 1-like protein 3 [Gossypium raimondii]
c36500. graph_c0	0.003342	1.546057	up	PREDICTED: auxin-responsive protein SAUR71-like [Pyrus × bretschneideri]
c70310. graph_c0	6.05E-11	-2.45784	down	ultraviolet-B receptor UVR8 isoform X4 [Amborella trichopoda]
c80338. graph_c0	0.008188	-1.43387	down	geranyl diphosphate synthase [Abies grandis]
c77350. graph_c2	2.69E-23	1.940276	up	dal1 [Picea abies]
c60195. graph_c0	0.001663	-1.91566	down	MADSbox transcription factor [Pinus radiata]
c81282. graph_c0	0.00012	-2.76042	down	glycine-rich RNA-binding protein [Picea glauca]
c76850. graph_c0	3.45E-16	-2.06371	down	putative LHY [Cryptomeria japonica]
c83572. graph_c0	0.000424	1.005021	up	—
c69265. graph_c0	3.80E-09	3.707725	up	DAL3 [Pinus tabuliformis]
c66662. graph_c0	1.91E-08	-1.22261	down	dnaJ protein homolog [Ananas comosus]

1a vs. UP

#ID	FDR	$\log_2 FC$	regulated	nr_annotation
c83814. graph_c1	0.002909	-1.38309	down	ribosomal protein S4 (mitochondrion) [Pinus strobus]
c77262. graph_c0	5.02E-12	-1.7697	down	tau class glutathione S-transferase [Pinus tabuliformis]
c34282. graph_c0	2.78E-06	1.299126	up	cytochrome P450 724B1 [Amborella trichopoda]
c76004. graph_c0	0.00017	-1.32988	down	lipid transfer protein [Medicago truncatula]

续表

#ID	FDR	$\log_2 FC$	regulated	nr_annotation
c38949. graph_c0	5.64E−05	2.585491	up	putative MADSbox transcription factor PrMADS7 [Pinus radiata]
c66637. graph_c0	0.002204	−1.26203	down	MADS4 [Pinus tabuliformis]
c35310. graph_c0	1.95E−05	2.136059	up	probable xyloglucan endotransglucosylase / hydrolase protein 6 [Prunus persica]
c72714. graph_c0	5.84E−08	1.843696	up	DAL10 [Pinus tabuliformis]
c77685. graph_c0	0.001577	−1.30095	down	PREDICTED: NAC domain − containing protein 45 [Nelumbo nucifera]
c75815. graph_c2	4.85E−05	1.919321	up	putative WRKY transcription factor 50 [Dichanthelium oligosanthes]
c78706. graph_c0	0.000286	−1.70259	down	iron superoxide dismutase [Pinus pinaster]
c83380. graph_c3	6.99E−08	−1.54141	down	photosystem II 47 kDa protein [Pinus koraiensis]
c38334. graph_c0	4.59E−06	−1.35752	down	zinc finger protein 6 − like [Dorcoceras hygrometricum]
c73984. graph_c0	0.004081	1.022285	up	probable WRKY transcription factor 50 [Amborella trichopoda]
c77350. graph_c2	4.80E−46	2.54281	up	dal1 [Picea abies]
c77275. graph_c0	0.004415	2.067398	up	MADS2, partial [Pinus tabuliformis]
c60195. graph_c0	3.79E−12	−3.4813	down	MADSbox transcription factor [Pinus radiata]
c73377. graph_c0	1.13E−17	3.523114	up	DAL19 protein [Picea abies]
5a vs. 8a				
c65543. graph_c1	4.88E−15	6.721832	up	unknown [Picea sitchensis]

续表

#ID	FDR	$\log_2$FC	regulated	nr_annotation
c75815. graph_c2	7. 59E−05	3. 76718	up	putative WRKY transcription factor 50 [Dichanthelium oligosanthes]
c75815. graph_c2	7. 59E−05	3. 76718	up	putative WRKY transcription factor 50 [Dichanthelium oligosanthes]
c70310. graph_c0	4. 17E−18	2. 611339	up	ultraviolet−B receptor UVR8 isoform X4 [Amborella trichopoda]
c69865. graph_c1	0. 003676	−1. 78098	down	zinc finger CCCH domain − containing protein 18 isoform X6 [Amborella trichopoda]
c76454. graph_c0	0. 003455	−1. 61248	down	R2R3MYB12 [Ginkgo biloba]
c54956. graph_c0	0. 00088	−6. 39055	down	PREDICTED：cysteine protease XCP1 [Elaeis guineensis]
c70555. graph_c0	0. 004459	−1. 80354	down	GH3 auxin − responsive promoter [Macleaya cordata]
c58572. graph_c0	0. 001484	−2. 46355	down	PREDICTED：flowering−promoting factor 1−like protein 3 [Gossypium raimondii]
c75815. graph_c2	7. 59E−05	3. 76718	up	putative WRKY transcription factor 50 [Dichanthelium oligosanthes]
c77275. graph_c0	0. 000834	6. 209195	up	MADS2,partial [Pinus tabuliformis]
c73377. graph_c0	0. 000195	2. 231058	up	DAL19 protein [Picea abies]
5a vs. 15a				
c62251. graph_c0	0. 000158	−2. 73488	down	NRT3 family protein [Pinus pinaster]
c66828. graph_c0	0. 000135	2. 69542	up	hypothetical protein ZOSMA_85G01170 [Zostera marina]
c81891. graph_c0	0. 004518	−1. 31474	down	predicted protein [Hordeum vulgare subsp. vulgare]

续表

#ID	FDR	$\log_2 FC$	regulated	nr_annotation
c82536. graph_c1	0.00179	-1.56747	down	uncharacterized protein A4U43_C10F10320 [Asparagus officinalis]

8a vs. 15a

#ID	FDR	$\log_2 FC$	regulated	nr_annotation
c75815. graph_c2	1.02E-08	-4.58675	down	putative WRKY transcription factor 50 [Dichanthelium oligosanthes]
c75815. graph_c2	1.02E-08	-4.58675	down	putative WRKY transcription factor 50 [Dichanthelium oligosanthes]
c70310. graph_c0	4.60E-15	-3.34354	down	ultraviolet - B receptor UVR8 isoform X4 [Amborella trichopoda]
c61855. graph_c0	0.001784	-2.64252	down	abscisic acid 8 & apos; -hydroxylase 1-like [Hevea brasiliensis]
c69865. graph_c1	0.000823	1.508325	up	zinc finger CCCH domain - containing protein 18 isoform X6 [Amborella trichopoda]
c76454. graph_c0	5.31E-09	2.361379	up	R2R3MYB12 [Ginkgo biloba]
c84021. graph_c0	5.93E-06	-3.06228	down	clavata 1-like protein [Pinus pinaster]
c61542. graph_c1	0.000123	-2.86067	down	ethylene - responsive element binding factor [Pinus krempfii]
c74194. graph_c0	2.25E-08	-4.52683	down	WRKY2 transcription factor [Ginkgo biloba]
c70555. graph_c0	0.000927	2.137694	up	GH3 auxin - responsive promoter [Macleaya cordata]
c58572. graph_c0	0.000112	2.680094	up	PREDICTED:flowering-promoting factor 1-like protein 3 [Gossypium raimondii]
c36500. graph_c0	3.24E-07	3.037539	up	PREDICTED: auxin - responsive protein SAUR71-like [Pyrus × bretschneideri]

续表

#ID	FDR	$\log_2$FC	regulated	nr_annotation
c70310. graph_c0	4. 60E-15	-3. 34354	down	ultraviolet - B receptor UVR8 isoform X4 [Amborella trichopoda]
c81282. graph_c0	0. 003034	-4. 2243	down	glycine - rich RNA - binding protein [Picea glauca]
c83572. graph_c0	7. 16E-08	1. 224488	up	—
c35310. graph_c0	0. 000192	-3. 18618	down	probable xyloglucan endotransglucosylase / hydrolase protein 6 [Prunus persica]
c75815. graph_c2	1. 02E-08	-4. 58675	down	putative WRKY transcription factor 50 [Dichanthelium oligosanthes]
c77275. graph_c0	0. 002488	-4. 65419	down	MADS2,partial [Pinus tabuliformis]

8a vs. UP

#ID	FDR	$\log_2$FC	regulated	nr_annotation
c75815. graph_c2	2. 43E-06	-3. 82138	down	putative WRKY transcription factor 50 [Dichanthelium oligosanthes]
c76850. graph_c0	0. 008402	-1. 7516	down	putative LHY [Cryptomeria japonica]
c84021. graph_c0	0. 000148	-2. 71041	down	clavata 1-like protein [Pinus pinaster]
c66748. graph_c0	0. 000669	1. 183738	up	PREDICTED:dnaJ homolog subfamily B member 8 isoform X4 [Prunus mume]

10a vs. 15a

#ID	FDR	$\log_2$FC	regulated	nr_annotation
c71882. graph_c0	2. 02E-07	-1. 74956	down	methyltransferase FkbM [Macleaya cordata]
c53390. graph_c0	0. 000164	-3. 03142	down	stress responsive NAC transcription factor [Aeluropus lagopoides]
c61190. graph_c0	0. 008866	-1. 93475	down	PREDICTED:myb - related protein 306 [Nelumbo nucifera]
c62265. graph_c1	1. 22E-13	-2. 42945	down	—

续表

#ID	FDR	$\log_2 FC$	regulated	nr_annotation
c70325. graph_c0	5.74E-06	-1.16989	down	histone H3 [Macleaya cordata]
c72097. graph_c0	1.40E-06	-1.05049	down	putative methyltransferase PMT21 [Ananas comosus]
c76507. graph_c0	7.95E-08	-1.41815	down	probable WRKY transcription factor 48 [Amborella trichopoda]
c78273. graph_c0	4.15E-07	-3.6301	down	NAC domain protein [Pinus massoniana]
c73854. graph_c0	0.001451	-2.75269	down	PREDICTED:zinc finger protein ZAT9-like [Gossypium arboreum]
c84034. graph_c0	2.80E-05	-2.3581	down	serine / threonine protein kinase [Handroanthus impetiginosus]
c83202. graph_c0	1.82E-14	-3.64198	down	—
c82232. graph_c0	2.54E-08	-1.47268	down	GATA transcription factor 6 - like [Lactuca sativa]
c69833. graph_c0	0.007141	1.320649	up	PREDICTED:polygalacturonase At1g48100-like isoform X2 [Lupinus angustifolius]
c69183. graph_c0	8.98E-05	-3.08098	down	ABC transporter [Macleaya cordata]
c81589. graph_c0	1.73E-13	-4.075	down	NAC domain protein [Pinus massoniana]
c72769. graph_c0	1.01E-30	-3.49685	down	probable WRKY transcription factor 51 [Cucurbita peposubsp. pepo]
c80480. graph_c0	0.003737	-2.12728	down	PREDICTED: brassinosteroid - related acyltransferase 1 [Nelumbo nucifera]
c70546. graph_c0	0.001106	-2.56371	down	leucine rich repeat-like protein, partial [Picea sitchensis]
c75961. graph_c0	1.28E-09	-2.78711	down	PREDICTED: probable galacturonosyltr-ansferase-like 7 [Theobroma cacao]

续表

#ID	FDR	$\log_2$FC	regulated	nr_annotation
c84002. graph_c0	1.40E−07	−2.79389	down	serine/threonine protein kinase [Handroanthus impetiginosus]
c76385. graph_c0	1.55E−12	1.246137	up	ubiquitin−conjugating enzyme [Macleaya cordata]
c68465. graph_c0	8.19E−44	−2.31335	down	PREDICTED: probable protein phosphatase 2C 63 [Nelumbo nucifera]
c78706. graph_c0	0.002014	−1.51512	down	iron superoxide dismutase [Pinus pinaster]
c64330. graph_c0	0.000161	−1.16525	down	constans−like 1 protein [Pinus taeda]
c74194. graph_c0	1.85E−91	−4.7144	down	WRKY2 transcription factor [Ginkgo biloba]
c80866. graph_c0	0.001211	−2.32836	down	copper transport protein ATX1 − like [Phalaenopsis equestris]
c80691. graph_c0	4.13E−14	−2.31829	down	E3 ubiquitin − protein ligase RHA1B [Amborella trichopoda]
c78894. graph_c1	1.61E−12	−1.55401	down	GRAS transcription factor ERAMOSA [Antirrhinum majus]
c82596. graph_c0	1.70E−05	−2.7212	down	WRKY transcription factor 1, partial [Picea abies]
c72918. graph_c0	0.000118	−2.50974	down	NAC domain protein [Pinus massoniana]
c83347. graph_c0	4.18E−74	−3.1071	down	probable xyloglucan glycosyltransferase 12 [Herrania umbratica]
c92762. graph_c0	0.00063	2.882054	up	gibberellin−regulated protein 2 precursor [Zea mays]
c81097. graph_c1	0.000147	−2.00495	down	PREDICTED: zinc finger protein ZAT9 [Vitis vinifera]

续表

#ID	FDR	$\log_2 FC$	regulated	nr_annotation
c72307. graph_c0	8.06E−21	−1.6336	down	leucine−rich repeat extensin−like protein 4,partial [Herrania umbratica]
c80307. graph_c0	0.000267	−3.01273	down	NAC domain protein [Pinus massoniana]
10a vs. UP				
c80596. graph_c0	2.60E−07	−1.20548	down	leucine−rich repeat [Macleaya cordata]
c59537. graph_c0	0.004529	−1.80815	down	transcription factor [Medicago truncatula]
c34282. graph_c0	1.01E−08	1.307378	up	cytochrome P450 724B1 [Amborella trichopoda]
c83512. graph_c0	2.08E−12	−1.57523	down	PREDICTED：receptor − like protein kinase [Elaeis guineensis]
c50170. graph_c1	0.008595	−1.1706	down	PIN3 [Pinus tabuliformis]
c82826. graph_c0	0.001329	−1.60186	down	beta−glucosidase 1 [Picea mariana]
c81589. graph_c0	0.005068	−1.46524	down	NAC domain protein [Pinus massoniana]
c76758. graph_c1	4.16E−08	−1.94232	down	PREDICTED：myb−related protein 305−like [Musa acuminata subsp. malaccensis]
c74194. graph_c0	1.04E−26	−2.74179	down	WRKY2 transcription factor [Ginkgo biloba]
c76234. graph_c1	0.000233	−1.27756	down	trehalose − phosphatase [Macleaya cordata]
c74073. graph_c1	3.63E−05	−2.11835	down	ACC synthase [Picea engelmannii × Picea glauca]
c84139. graph_c0	5.24E−05	1.090872	up	zinc finger protein [Macleaya cordata]
c62515. graph_c0	0.008595	−1.70926	down	lipoxygenase 2 [Taxus wallichiana var. chinensis]

续表

#ID	FDR	$\log_2$FC	regulated	nr_annotation
15a vs. UP				
c66509. graph_c0	6. 42E−07	−1. 50111	down	SPL3［Pinus tabuliformis］
c72672. graph_c0	1. 31E−09	−2. 04262	down	anther−specific protein LAT52［Capsicum chinense］
c74194. graph_c0	3. 07E−05	1. 720293	up	WRKY2 transcription factor ［Ginkgo biloba］
c74501. graph_c0	0. 002299	−1. 08139	down	CYP715C54 ［Taxus wallichiana var. chinensis］
c75110. graph_c0	0. 000793	1. 004906	up	BES1/BZR1 homolog protein 4［Morus notabilis］
c76566. graph_c0	1. 77E−07	2. 917872	up	S−type anion channel SLAH3［Apostasia shenzhenica］
c79335. graph_c0	0. 000133	−1. 12001	down	development/cell death domain containing protein［Parasponia andersonii］
c81032. graph_c0	1. 85E−07	2. 213174	up	ubiquitin protein, partial ［Triticum aestivum］
c82399. graph_c0	4. 22E−12	1. 406074	up	cellulose synthase − like protein D ［Cunninghamia lanceolata］
c83148. graph_c0	0. 000202	1. 147387	up	purple acid phosphatase 1 ［Pinus massoniana］

参考文献

[1]徐其升. 营养生长和生殖生长的调节和应用[J]. 生物学教学,1987(4): 31,4.

[2]石颖,庞国新,阚玉文,等. 如何协调甜瓜营养生长与生殖生长的关系[J]. 现代农村科技,2015(5):17.

[3]吴淑平. 茶树营养生长与生殖生长的关系及调控方法[J]. 中国园艺文摘, 2011,27(5):182-183.

[4]杨铁钢,谈春松,郭红霞. 棉花营养生长和生殖生长关系研究[J]. 中国棉花,2003,30(7):13-16.

[5]钟筱波. 植物营养生长与生殖生长的对立统一关系[J]. 生物学通报,1984 (6):1-2.

[6]陈守智,范眸天,李树云,等. 芒果营养生长与生殖生长相互关系的研究 [J]. 云南农业大学学报,1996,11(2):81-85.

[7]何言章,何元农,刘支胜. 大豆光周期特性研究 IV 试论营养生长与生殖生长对光周期的反应及关系[J]. 贵州农业科学,1994(1):21-26.

[8]DOUST J L, DOUST L L. Modules of Production and Reproduction in a Dioecious Clonal Shrub[J]. Ecology,1988,69(3):741-750.

[9]OBESO J R. The costs of reproduction in plants[J]. New Phytologist,2010,155 (3):321-348.

[10]ROFF D A. Trade-offs between growth and reproduction:an analysis of the quantitative genetic evidence[J]. Journal of Evolutionary Biology,2010,13 (3):434-445.

[11]BAZZAZ F A,CHIARIELLO N R,COLEY P D,et al. Allocating Resources to Reproduction and Defense[J]. BioScience,1987(1):58-67.

[12]SARA G,VÍT L,VERHULST Y M ,et al. Costs and benefits of induced resistance in a clonal plant network[J]. Oecologia,2007,153(4):921-930.

[13]JERVIS M A,FERNS P N,BOGGS C L. A trade-off between female lifespan and larval diet breadth at the interspecific level in Lepidoptera [J]. Evolutionary Ecology,2007,21(3):307-323.

[14]WESTLEY L C. The effect of inflorescence bud removal on tuber production in *Helianthus Tuberosus* L. (Asteraceae) [J]. Ecology, 1993, 74 (7): 2136-2144.

[15]TREMMEL D C,BAZZAZ F A. Plant Architecture and Allocation in Different Neighborhoods: Implications for Competitive Success[J]. Ecology, 1995, 76 (1).

[16]DOUST J L,DOUST L L. Plant Reproductive Ecology:Patterns and Strategies [M]. New York:Oxford University Press,1988.

[17] YAO H, TAN D Y. Size-dependent reproductive output and life-history strategies in four ephemeral species of *Trigonella*[J]. Acta Phytoecologica Sinica,2005,29(6): 954-960.

[18] ZUO J L, JIA K C. Size-dependent reproductive allocation of *Ligularla virgaurea* in different habitats[J]. Acta Phytoecologica Sinica,2002,26(1): 44-50.

[19]ISHIHARA M I, KIKUZAWA K. Annual and spatial variation in shoot demography associated with masting in Betula grossa:Comparison between mature trees and saplings[J]. Annals of Botany,2009,104(6):1195-1205.

[20]MARTIN D,VZQUEZ-PIQUE J,CAREVIC F S,et al. Trade-off between stem growth and acorn production in *holm oak*[J]. Trees,2015,29(3):825-834.

[21]王娟,张春雨,赵秀海,等. 雌雄异株植物鼠李的生殖分配[J]. 生态学报, 2011,31(21):6371 -6377.

[22]SGRO C M, HOFFMANN A A. Genetic correlations tradeoffs and environmental variation[J]. Heredity,2004,93(3):241-248.

[23]HIKOSAKA K,YASUMURA Y,HIROSE T. Resource allocation to vegetative and reproductive growth in relation to mast seeding in Fagus crenata[J]. Forest Ecology & Management,2006,229(1-3):228-233.

[24]REEKIE E G,BAZZAZ F A. Reproductive effort in plants. Ⅱ. Does carbon reflect the allocation of other resources? [J]. American Naturalist,1987,129: 897-906.

[25]ZYWIEC M,ZIELONKA T. Does a heavy fruit crop reduce the tree ring increment? Results from a 12-year study in a *subalpine zone*[J]. Trees,2013, 27(5):1365-1373.

[26]GILLESPIEA R D,CRITEHLEYA A T. Reproductive allocation and strategy of *SarGAssum elegans suhr* and *SarGAssum incisifolium* (Tumer) C. Agardh from Reunion Rocks,KwaZulu-Natal,South Afriea[J]. Botanica Marina,2001,44 (3): 231-235.

[27]ANG P O. Cost of reproduction in Fucus distichus [J]. Marine Ecology Progress Series,1992,89(1):25-35.

[28]HUIJSER P,SCHMID M. The control of developmental phase transitions in plants[J]. Development,2011,138(19):4117-4129.

[29]WEIGEL D, MEYEROWITZ E M. Activation of floral homeotic genes in *Arabidopsis*[J]. Science,1993,261(5129):1723-1726.

[30]OKAMURO J K, CASTER B, VILLARROEL R,et al. The *AP2* domain of *APETALA2* defines a large new family of DNA binding proteins in *Arabidopsis* [J]. Proceedings of the National Academy of Sciences of the United States of America,1997,94(13):7076-7081.

[31]WEIGEL D,ALVAREZ J,SMYTH D R,et al. LEAFY controls floral meristem identity in Arabidopsis[J]. Cell,1992,69(5):843-859.

[32]STINCHCOMBE J R,WEINIG C,UNGERER M,et al. A latitudinal cline in

flowering time in *Arabidopsis thaliana* modulated by the flowering time gene FRIGIDA[J]. Proceedings of the National Academy of Sciences of the United States of America,2004,101(13):4712-4717.

[33]MARTINEZ G,JAIME F,VIRGOS S,et al. Control of photoperiod-regulated tuberization in potato by the *Arabidopsis* flowering-time gene CONSTANS[J]. Proceedings of the National Academy of Sciences of the United States of America,2002,99(23):15211-15216.

[34]WILKINSON M D,HAUGHN G W. UNUSUAL FLORAL ORGANS controls meristem identity and organ primordia fate in *Arabidopsis*[J]. Plant Cell, 1995,7(9):1485-1499.

[35]CHENG Y. Auxin biosynthesis by the YUCCA flavin monooxygenases controls the formation of floral organs and vascular tissues in Arabidopsis[J]. Genes & Development,2006,20(13):1790-1799.

[36]KRECEK P,SKUPA P,LIBUS J,et al. The PIN-FORMED (PIN) protein family of auxin transporters[J]. Genome Biology,2009,10(12):249.

[37]LITT A,KRAMER E M. The ABC model and the diversification of floral organ identity[J]. Seminars in Cell & Developmental Biology, 2010, 21(1): 129-137.

[38]KOTODA N,WADA M,KUSABA S,et al. Overexpression of MdMADS5,an APETALA1-like gene of apple,causes early flowering in transgenic *Arabidopsis* [J]. Plant Science,2002,162(5): 679-687.

[39]LAMB R S, HILL T A, TAN Q K, et al. Regulation of *APETALA3* floral homeotic gene expression by meristem identity genes[J]. Development,2002, 129(9):2079-2086.

[40]PELAZ S,TAPIA-LOPEZ R,ALVAREZ-BUYLLA E R,et al. Conversion of leaves into petals in *Arabidopsis*[J]. Current Biology ,2001,11(3):182-184.

[41] PELAZ S, DITTA G S, BAUMANN E, et al. B and C floral organ identity functions require SEPALLATA MADS-box genes[J]. Nature,2000,405(6783):200-203.

[42] MULLER B M,SAEDLER H,ZACHGO S. The MADS-box gene DEFH28 from Antirrhinum is involved in the regulation of floral meristem identity and fruit development[J]. Plant Journal,2001,28(2):169-179.

[43] 王丽云,刘小金,徐大平,等. 林木营养生长和生殖生长调控技术研究进展[J]. 世界林业研究,2019,32(6):6-12.

[44] 唐国强,陈新华,黄永利,等. 湿地松雄性不育系营养和生殖生长研究[J]. 绿色科技,2020(13):1-4,8.

[45] 王丽云,刘小金,崔之益,等. 施肥对降香黄檀营养生长和生殖生长的影响[J]. 植物研究,2018,38(2):225-231.

[46] 胡巍,侯喜林,史公军. 植物春化特性及春化作用机理[J]. 植物学通报,2004(1):26-36.

[47] 孟繁静. 植物花发育的分子生物学[M]. 北京:中国农业出版社,2000.

[48] WILLIAMSON J G,COSTON D C,吴邦良. 栽植方法和灌水率对高密植桃树营养生长和生殖生长的影响[J]. 国外农学(果树),1992(2):1-5.

[49] RAYMOND J E, FOX T R, BRIAN D S, et al. Understanding the fate of applied nitrogen in pine plantations of the southeastern united statesusing N-15 enriched fertilizers[J]. Forests,2016,7(11):270.

[50] BERG W K, CUNNINGHAM S M, BROUDER S M, et al. Influence of phosphorus and potassium on alfalfa yield and yield components[J]. Crop Science,2005,45(1):297-304.

[51] 张海燕,王传宽,王兴昌. 温带12个树种新老树枝非结构性碳水化合物浓度比较[J]. 生态学报,2013(18):5675-5685.

[52] 李天红,李绍华,王晶. 水分胁迫对苹果组培苗14C-光合产物运输和分配

的影响[J]. 中国农业大学学报,2005,10(5):50-54.

[53]ZIMMERMAN R H. Juvenility and flowering of fruit trees [J]. Acta horticulturae,1972(34):139-142.

[54]POETHIG R S. Phase change and the regulation of shoot morphogenesis in plants[J]. Science,1990,250(4983):923-930.

[55]POWER A B,DODD R S,LIBBY W J. Cyclophysis and topophysis in coast redwood stecklings. 1. Rooting and nursery performance[J]. Silvae Genetica, 1988,37(1):8-14.

[56]OLESEN P O. Cyclophysis and topophysis[J]. Silvae Genetica,1978,27(5): 173-178.

[57]CLEMENS J,BAILEY D G,JAMESON P E,et al. Vegetative phase change in Metrosideros:Shoot and root restriction[J]. Plant Growth Regulation,1999,28 (3):207-214.

[58]ANDRES H,FERNANDEZ B,RODRIGUEZ R,et al. Phytohormone contents in *Corylus avellana* and their relationship to age and other developmental processes[J]. Plant Cell Tissue and Organ Culture,2002,70(2):173-180.

[59]张志华,刘新彩,刘彦红,等. 核桃幼树内源激素与生长势的关系[J]. 林业科学,2006(9):131-133.

[60]许智宏,薛红卫. 植物激素作用的分子机理[M]. 上海:上海科学技术出版社,2012.

[61]PULLMAN G S,BUCALO K. Pine somatic embryogenesis:analyses of seed tissue and medium to improve protocol development[J]. New Forests,2014,45 (3):353-377.

[62]VALDES A E,FERNANDEZ B,CENTENO M L. Alterations in endogenous levels of cytokinins following grafting of *Pinus radiata* support ratio of cytokinins as an index of ageing and vigour[J]. Journal of Plant Physiology,2003,160

（11）：1407-1410.

［63］VALDES AE,GALUSZKA P,FERNANDEZ B,et al. Developmental stage as a possible factor affecting cytokinin content and cytokinin dehydrogenase activity in *Pinus sylvestris*［J］. Biol Plant,2007,51：193-197.

［64］COHEN J D ,SLOVIN J P,HENDRICKSON A M. Two genetically discrete pathways convert tryptophan to auxin：more redundancy in auxin biosynthesis ［J］. Trends in Plant Science,2003,8(5)：197-199.

［65］NORMANLY J. Auxin metabolism ［J］. Physiologia Plantarum, 1997, 100 (3)：431-442.

［66］NORMANLY J,BARTELT B. Redundancy as a way of life - IAA metabolism ［J］. Current Opinion in Plant Biology,1999,2(3)：207-213.

［67］GALOCH E. Comparison of the content of growth regulators in juvenile and adult plants of birch［J］. Acta Physiologiae Plantarum,1985,7(4)：205-215.

［68］马月萍,戴思兰. 植物花芽分化机理研究进展［J］. 分子植物育种,2003,1 (4)：539-545.

［69］胡盼,王川,王军辉,等. 青海云杉花芽分化期内源激素含量的变化特征 ［J］. 西北植物学报,2012,32(3)：540-545.

［70］高小俊,吴兴恩,王仕玉,等. 短截后芒果花芽分化期间内源激素含量的变化［J］. 福建农业学报,2009,24(3)：227-230.

［71］KINET J M. Environmental,chemical and genetic control of flowering［J］. Horticultural reviews,1993,15：279-334.

［72］KRAJEWSKI A J,RABE E. Citrus flowering：a critical evaluation［J］. Journal of Horticultural Science,1995,70(3)：357-374.

［73］梅虎,谈锋. 内源激素和核酸与紫苏花芽生理分化关系［J］. 西南农业大学学报,2002(2)：118-120,150.

［74］吴曼,张文会,王荣,等. "红丽"海棠早实植株发育过程中内源激素变化

[J]. 园艺学报,2013,40(1):10-20.

[75]KULIKOWSKA-GULEWSKA H,KOPCEWICZ J. Ethylene in the control of pho toperiodic flower induction in Pharbit is nil Chois[J]. Acta Societatis Botanicorum Poloniae,1999,68(1):33-37.

[76]YANAI O,SHANI E,DOLEZAL K,et al. Arabidopsis KNOXI proteins activate cytokinin Biosynthesis[J]. Current Biology,2005,15(17):1566-1571.

[77]SU Y H, LIU Y B, ZHANG X S. Auxin - cytokinin interaction regulates meristem development[J]. Molecular Plant,2011.

[78]KYOZUKA J. Control of shoot and root meristem function by cytokinin[J]. Current Opinion in Plant Biology,2007,10(5):442-446.

[79]李秉真,孙庆林,张建华,等. "苹果梨"花芽分化期叶片激素及核酸含量变化[J]. 园艺学报,1999,26(3):188-191.

[80]高春燕. 罗汉果(Siraitia grosvenorii)组培苗花芽分化的生理生化初步研究[D]. 桂林:广西师范大学,2006.

[81]WERNER T,MOTYKA V,LAUCOU V,et al. Cytokinin-defificient transgenic Arabidopsis plants show multiple developmental alterations indicating opposite functions of cytokinins in the regulation of shoot and root meristem activity[J]. Plant Cell,2003,15(11):2532-2550.

[82]王锋. 内、外源激素与荔枝花芽分化及开花座果[J]. 热带作物研究,1990(3):71-74.

[83]樊卫国,刘国琴,安华明,等. 刺梨花芽分化期芽中内源激素和碳、氮营养的含量动态[J]. 果树学报,2003,20(1):40-43.

[84]曹尚银,张俊昌,魏立华. 苹果花芽孕育过程中内源激素的变化[J]. 果树科学,2000,17(4):244-248.

[85]林晓东. 激素调节花芽分化的研究进展[J]. 果树科学,1997(4):269-274.

［86］BOLLMARK M,CHEN H J,MORITZ T,et al. Relations between cytokinin level,bud development and apical control in Norway spruce,*Picea abies*［J］. Physiologia Plantarum,1995,95(4): 563-568.

［87］CHEN H J,BOLLMARK M,ELIASON L. Evidence that cytokinin controls bud size and branch form in Norway spruce［J］. Physiologia Plantarumt,1996,98 (3):612-618.

［88］ZHANG H,HORGAN K J ,REYNOLDS P H S ,et al. Cytokinins and bud morphology in Pinus radiata［J］. Physiologia Plantarum, 2010, 117 (2): 264-269.

［89］KONG L, ABRAMS S R, OWEN S J, et al. Phytohormones and their metabolites during long shoot development in Douglas - fir following cone induction by gibberellin injection ［J］. Tree Physiology, 2008, 28 (9): 1357-1364.

［90］DAVIES P, DAVIES P, KRIKORIAN A D. Plant hormones: physiology, biochemistry and molecular biology［J］. Scientia Horticulturae,1996,66(3): 267-270.

［91］YAMAGUCHI S,SMITH M N,BROWN R G,et al. Phytochrome regulation and differential expression of gibberellin 3β - hydroxylase genes in germinating Arabidopsis seeds［J］. The Plant Cell,1998,10(12):2115-2126.

［92］MITCHUM M G,YAMAGUCHI S,HANADA A,et al. Distinct and overlapping roles of two gibberellin 3-xidases in *Arabidopsis* development［J］. The Plant Journal,2006,45(5):804-818.

［93］ITOH H, MIYAKO T U, KAWAIDE H, et al. The gene encoding tobacco gibberellin 3β-hydroxylase is expressed at the site of GA action during stem elongation and flower organ development［J］. Plant Journal, 1999, 20 (1): 15-24.

[94] ACHARD P, GUSTI A, CHEMINANT S, et al. Gibberellin signaling controls cell proliferation rate in *Arabidopsis*[J]. Current Biology, 2009, 19(14): 1188-1193.

[95] 王学军, 郝宝锋. 赤霉素对枣树花芽分化和采前落果的影响[J]. 河北果树, 2005(3): 13.

[96] 吴志祥, 周兆德, 陶忠良, 等. 妃子笑与鹅蛋荔枝花芽分化期间内源激素的变化[J]. 热带作物学报, 2005, 26(4): 42-45.

[97] RADEMACHER W. Growth retardants: effects on gibberellin biosynthesis and other metabolic pathways[J]. Annual Review of Plant Physiology and Plant Molecular Biology, 2000, 51(7): 501-531.

[98] ADERKAS P, KONG L S. Genotype effects on ABA consumption and somatic embryo maturation in interior spruce (*Picea glauca × engelmanni*)[J]. Journal of Experimental Botany, 2007, 58(6): 1525-1531.

[99] YABAVA U L, DAYTON D F. The relation of endogenous abscisic acid to the dwarfing capability of East Malling apple rootstocks [J]. Journal of the American Society for Horticultural Science, 1972, 97(6): 701.

[100] TUBBS R F. Research field in the interaction of rootstocks and scions in woody etennials part 2 [J]. Hort Abstract, 1973, 43(6): 325-336.

[101] FINKELSTEIN R R, GAMPALA S S L, ROCK C D. Abscisic acid signaling in seeds and seedlings[J]. Plant Cell, 2002, 14 Suppl(Suppl S): 15.

[102] HAFFNER V, ENJALRIC F, LARDET L, et al. Maturation of woody plants: a review of metabolic and genomic aspects [J]. Annales Des Sciences Forestières, 1991, 48(6): 615-630.

[103] ISHITANI M, NAKAMURA T, HAN S Y, et al. Expression of the betaine aldehyde dehydrogenase gene in barley in response to osmotic stress and abscisic acid[J]. Plant Molecular Biology, 1995, 27(2): 307-315.

[104] GALOCH E. Comparison of the content of growth regulators in juvenile and adult plants of birch [J]. Acta Physiologiae Plantarum, 1985, 7 (4): 205-215.

[105] MUNNE-BOSCH S, LALUEZA P. Age-related changes in oxidative stress markers and abscisic acid levels in a drought-tolerant shrub, Cistus clusii grown under Mediterranean field conditions [J]. Planta, 2006, 225 (4): 1039-1049.

[106] 李雪梅,何兴元,陈玮,等. 大气二氧化碳浓度升高对银杏叶片内源激素的影响[J]. 应用生态学报,2007(7):1420-1424.

[107] VON ARNOLD S, ROOMANS G M. Analyses of mineral elements in vegetative buds and needles from young and old trees of Picea abies [J]. Canadian Journal of Forest Research,1983,13(4):689-693.

[108] KONG L S, ABRAMS S R, OWEN S J, et al. Dynamic changes in concentrations of auxin,cytokinin,ABA and selected metabolites in multiple genotypes of Douglas-fir (Pseudotsuga menziesii) during a growing season [J]. Tree Physiol,2009,29(2):183.

[109] 齐鸿儒. 草河口地区红松人工林生长及其生产力的研究[J]. 林业科学, 1988(3):339-345.

[110] 王振宇,刘文欢,谢伟,等. 红松开花结实与气象因子相关规律的研究 [J]. 东北林业大学学报,1992(A1):118-120.

[111] 王行轩,张利民,庞志慧. 红松结实性状的选择效果[J]. 东北林业大学学报,2001(3):31-36.

[112] 王行轩,张立民,庞志慧,等. 红松种子园树木开花结实规律[J]. 林业科技通讯,1995(9): 16-17.

[113] 宁依萍,王国义,张淑华,等. 提高红松嫁接效果的技术措施[J]. 林业科技,1993,18(4):15-16.

[114]戚长顺. 红松粗皮、细皮类型的初步研究[J]. 林业科学,1962,7(1)：11-17.

[115]吕宜芳,杨玉德,罗传远,等. 疏伐对红松坚果林结实量的影响[J]. 林业科技,1999,24(1)：13-14.

[116]张利民,王行轩,王玉光. 红松生长结实与分权关系的研究[J]. 辽宁林业科技,2002(5)：19-20.

[117]孔漫雪,常中威. 红松人工林截干技术效果研究[J]. 现代农业科技,2010(15)：225.

[118]YI J ,SONG J ,BAE C. Crown shape control of *Pinus koraiensis* S. et Z. (Ⅳ). Growth characteristics of crown top shoots in clonal seed orchard and 21-year-old plantation[J]. Journal of Research Forest of Kangwon National University, 1999(19):6-15.

[119]YI J,SONG J,SONG J,et al. Crown shape control of *Pinus koraiensis* S. et Z. (Ⅴ) -cone production and seed characteristics of stem-pruned trees(The first report) [J]. Journal of Research Forest of Kangwon National University, 2000(20)：113-120.

[120]SONG J,SHIM T,YI J. Crown shape control of *Pinus koraiensis* S. et Z. (Ⅶ) -the influence of thinning and　stem pruning on seed component(the first report) [J]. Journal of Forest Science-Kangwon National University, 2002(18)：87- 96.

[121]YI J,SONG J,BAE C,et al. Crown shape control of *Pinus koraiensis* S. et Z. (Ⅸ) - The influence of thinning and crown - shape - control on seed production and characteristics (The second report) [J]. Journal of Research Forest of Kangwon National University,2003,23：52-56.

[122]YI J,SONG J,KIM C. Crown shape control of *Pinus koraiensis* S. et Z. (Ⅹ)- the influence of thinning and crown - shape control on cone and seed

characteristics and chemical characteristics of soil[J]. Journal of Research Forest of Kangwon National University,2004,24：35-41.

[123]杨凯,张海廷,舒凤梅. 红松果用林研究进展与产业化前景[J]. 林业科技开发,2007,21(1)：2-6.

[124]闫朝福,乌洪国,廖洪伟,等. 人工樟子松幼林改建红松坚果园工艺技术[J]. 林业勘察设计,2008,148(4)：50-51.

[125]宁依萍,王国义,张淑华,等. 红松人工林改建无性系商品种子园嫁接效果分析[J]. 林业科技,2001,26(6)：13-15.

[126]王江,田松岩,丰兴秋,等. 国产赤霉素对红松人工林开花调节作用初探[J]. 林业科技,1993,18(3)：17-18.

[127]王彦清,王全华,吴捷,等. 红松开花及其内源激素动态的研究[J]. 林业科技,1998,23(5)：11-13,19.

[128]陈永亮,张亚非,刘秀芝,等. 红松纯林与混交林红松主枝芽激素含量及其与分权的关系[J]. 东北林业大学学报,2000(3)：36-39.

[129]杨凯,谷会岩. 红松果林从幼龄到开花阶段植株体内激素动态变化[J]. 林业科学,2005,41(5)：33-37.

[130]张秦徽,李蕊,王璧莹,等. 红松开花结实研究进展[J]. 分子植物育种,2019,17(4)：1364-1372.

[131]刘继国. 草河口地区红松人工林结实规律的初步研究[J]. 林业科学,1963(1)：41-55.

[132]POWER A B,DODD R S,LIBBYW J. Cyclophysis and topophysis in coast redwood stecklings. 1. Rooting and nursery performance [J]. Silvae Genetica,1988,37(1)：8-14.

[133]张上隆,阮勇凌,储可铭,等. 温州蜜柑花芽分化期内源玉米素和赤霉酸的变化[J]. 园艺学报,1990,17(4)：270-274.

[134]段娜,贾玉奎,徐军,等. 植物内源激素研究进展[J]. 中国农学通报,

2015,31(2):159-165.

[135]BANGERTH K F. Floral induction in mature, perennial angiosperm fruit trees: Similarities and discrepancies with annual/biennial plants and the involvement of plant hormones[J]. Scientia Horticulturae,2009,122(2): 153-163.

[136]吴月燕,李波,朱平,等. 植物生长调节剂对西洋杜鹃花期及内源激素的影响[J]. 园艺学报,2011,38(8):1565-1571.

[137]FRUGIS G, GIANNINO D, MELE G, et al. Overexpression of KNAT1 in lettuce shifts leaf determinate growth to a shoot-like indeterminate growth associated with an accumulation of isopentenyl-type cytokinins[J]. Plant Physiology,2001,126(4):1370-1380.

[138]TREWAVAS A J,CLELAND R E. Is plant development regulated by changes in the concentration of growth substances or by changes in the sensitivity to growth substances? [J]. Trends in Biochemical Sciences, 1983, 7(10): 354-357.

[139]FIRN R D. Growth substance sensitivity: The need for clearer ideas, precise terms and purposeful experiments[J]. Physiologia Plantarum,1986,67(2): 267-272.

[140]ROMANOV G A,LOMIN S N ,SCHMULLING T. Biochemical characteristics and ligand-binding properties of Arabidopsis cytokinin receptor AHK3 compared to CRE1/AHK4 as revealed by a direct binding assay[J]. Journal of Experimental Botany,2006,57(15):4051-4058.

[141]郝婕,王献革,李学营,等. 苹果实生苗不同嫁接方法下内源激素含量变化分析[J]. 华北农学报,2013,28(S1):259-264.

[142]王冰,李家洋,王永红. 生长素调控植物株型形成的研究进展[J]. 植物学通报,2006,23(5):443-458.

［143］SUN T P,FRANK G. Molecular mechanism of gibberellin signaling in plants ［J］. Annual Review of Plant Biology,2004,55:197-223.

［144］FRIGERIO M, ALABADI D, PEREZ - GOMEZ J, et al. Transcriptional regulation of gibberellin metabolism genes by auxin signaling in Arabidopsis ［J］. Plant Physiology,2006,142(2):553-563.

［145］吴雅琴,常瑞丰,李春敏,等. 葡萄实生树开花节位与内源激素变化的关系［J］. 园艺学报,2006,33(6):1313-1317.

［146］刘丙花,姜远茂,彭福田,等. 甜樱桃果实发育过程中激素含量的变化［J］. 园艺学报,2007,34(6):1535-1538.

［147］MUNNE-BOSCH S,LALUEZA P. Age-related changes in oxidative stress markers and abscisic acid levels in a drought tolerant shrub Cistus clusii grown under Mediterranean field conditions［J］. Planta, 2007, 225 (4): 1039-1049.

［148］KAKIMOTO T. Perception and signal transduction of cytokinins［J］. Annual Review Plant Biology,2003,54:605-627.

［149］SAKAKIBARA H. Cytokinins:activity,biosynthesis, and translocation［J］. Annual Review Plant Biology,2006,57(1):431-449.

［150］MONCALEAN A,RODRIGUEZ A,FERNANDEZ B. Plant growth regulators as putative physiological markers of developmental stage in Prunus persica ［J］. Plant Growth Regulation,2002,36(1):27-29.

［151］TARROUX E, DESROCHERS A. Effect of natural root grafting on growth response of jack pine (*Pinus banksiana*; Pinaceae)［J］. American Journal of Botany,2011,98(6):967-974.

［152］刘颖,张海军. 红松嫁接技术［J］. 林业科技开发,2009,23(1):117-119.

［153］司永,许向亮,郑翠平. 浅谈果树嫁接［J］. 内蒙古林业,2015(1):26-27.

［154］徐兴斌,修长生,王冠,等. 红松的嫁接方法［J］. 吉林农业(学术版),

2012(11):188.

[155]王艳霞. 湖北海棠阶段转变过程中内源激素的分析[D]. 杭州:浙江大学,2001.

[156]GASTOL M, SKYZYNSKI J. Influence of different dwarfing methods on content of micro elements in Apple tree organs [J]. Sodinikyste Ir Darzininkyste Mokslo Darbai,2006,25(3):264-272.

[157]郭景瑞,周鑫. 赤霉素诱导对红松幼树开花结实的影响[J]. 林业勘查设计,2013(2):82-83.

[158]满冰心,张龙,孙嘉志,等. 植物生长调节剂促进红松提早结实技术研究[J]. 北华大学学报(自然科学版),2012,13(3):329-334.

[159]王洪梅,周显昌,周志军,等. 赤霉素促进针叶树开花结实技术的研究进展[J]. 林业科技,2011,36(3):11-15.

[160]王艳梅,刘震,牛晓锋. 1 年生泡桐不同部位顶芽内源激素的动态变化[J]. 林业科学,2012,48(7):61-65.

[161]VALDES A E,FERNANDEZ B,CENTENO M L. Alterations in endogenous levels of cytokinins following grafting of *Pinus radiata* support ratio of cytokinins as an index of ageing and vigour[J]. Journal of Plant Physiology,2003,160(11):1407-1410.

[162]LUCKWILL L C. The control of growth and fruitless of apple trees[C]. New York:Acad press ,1970:237-253.

[163]REY M, TIBURCIO A F, DIAZ - SALA C. Endogenous polyamine concentration in juvenile,adult and in vitro reinvigorated hazel[J]. Tree Physiol,1994,14(2):191- 200.

[164]DAVIES C R,WAREING P F. Auxin-directed transport of radiophosphorus in stems[J]. Planta,1965,65(2):139-156.

[165]POETHIG R S. Phase change and the regulation of developmental timing in

plants[J]. Science,2003,301(5631):334-346.

[166] CLAEYS H,BODT S D,INZE D. Gibberellins and DELLAs: central nodes in growth regulatory networks [J]. Trends Plant Science, 2014, 19 (4): 231-239.

[167] DAVIERE J M, ACHARD P. Gibberellin signaling in plants [J]. Development,2013,140(6):1147-1151.

[168] YAMAGUCHI S. Gibberellin metabolism and its regulation [J]. Annual Review of Plant Biology,2008,59:225-251.

[169] PENA-CORTES H,SANCHEZ-SERRANO J J,MERTENS R,et al. Abscisic acid is involved in the wound-induced expression of the proteinase inhibitor Ⅱ gene in potato and tomato[J]. Proceedings of the National Academy of Sciences of the United States of America,1989,86(24):9851-9855.

[170] CHERNYS J T, ZEEVAART J A D. Characterization of the 9 - cis - epoxycarotenoid dioxygenase gene family and the regulation of abscisic acid biosynthesis in avocado[J]. Plant Physiology,2000,124(1):343-353.

[171] GROSSMANN K, SCHELTRUP F, KWIATKOWSKI J, et al. Induction of abscisic acid is a common effect of auxin herbicides in susceptible plants[J]. Journal of Plant Physiology,1996,149(3-4):475-478.

[172] 陈永亮,耿叙武,李桂秋,等. 红松人工林不同经营密度与红松分叉的关系[J]. 东北林业大学学报,2000,28(3):32-35.

[173] 刘继国,王景章. 红松人工林林木分杈原因及其防治措施的研究[J]. 林业科学,1965(4):29-34.

[174] 李忠荣,尹雪峰. 黑龙江省东部林区红松分杈的研究[J]. 中国林副特产,2003(2):53

[175] 方三阳. 东北林学院凉水实验林场红松人工幼林分叉原因调查初报[J]. 东北林业大学学报,1975(2):56-57.

[176]倪素凡.关于红松林树干分杈的调查研究[J].林业科学,1982,18(1):98-102.

[177]方春子,商永亮,滑福建,等.林分结构对红松分杈的影响[J].东北林业大学学报,2000,28(3):29-30.

[178]HAN S U,KANG K S,KIM T S,et al.Effect of top-pruning in a clonal seed orchard of *Pinus koraiensis*[J].Annals of Forest Research,2013,51(1):155-156.

[179]倪柏春,倪薇,郑在军,等.空间指数图在红松人工林生长抚育中的应用[J].林业科技,2012,37(4):44-46.

[180]谭学仁,胡万良,王忠利,等.红松人工林大径材培育及种材兼用效果分析[J].东北林业大学学报,2000,28(3):75-77.

[181]沈海龙,张金虎,王龙.红松分杈现象研究现状及展望[J].森林工程,2015,31(2):46-50,56.

[182]NGUYEN T T,沈海龙,王琴香,等.截顶后红松幼树光合生理响应研究[J].森林工程,2017,33(4):1-7.

[183]李根前,黄宝龙,唐德瑞,等.毛乌素沙地中国沙棘无性系生长调节格局与生物量分配[J].西北农业大学学报,2001(2):51-55.

[184]林武星,叶功富,黄金瑞,等.杉木萌芽更新原理及技术述评[J].福建林业科技,1996(2):19-23.

[185]黄鑫,戴思兰,郑国生,等.木本植物芽内休眠机制的研究进展[J].林业科学,2008,44(2):129-133.

[186]梁艳,沈海龙,高美玲,等.红松种子发育过程中内源激素含量的动态变化[J].林业科学,2016,52(3):105-111.

[187]WANG S Y,FAUST M,LINE M J.Apical dominance in apple (*Malus domestica* Borkh):The possible role of indole-3-acetic acid[J].Journal of the American Society for Horticulture Science,1994,119(6):1215-1221.

［188］PINKARD E A, BEADLE C L. Regulation of photosynthesis in *Eucalyptus nitens* (Deane and Maiden) Maiden following green pruning［J］. Trees, 1998,12(6):366–376.

［189］NEILSEN W A, PINKARD E A. Effects of green pruning on growth of *Pinus radiata*［J］. Canadian Journal of Forest Research, 2003, 33 (11): 2067–2073.

［190］BAYALA J, TEKLEHAIMANOT Z, OUEDRAOGO S J. Millet production under pruned tree crowns in a parkland system in *Burkina Faso*［J］. Agroforestry Systems,2002,54(3):203–214.

［191］FRANK B, EDUARDO S. Biomass dynamics of *Erythrina lanceolata*, as influenced by shoot‐pruning intensity in Costa Rica［J］. Agroforestry Systems,2003,57(1):19–28.

［192］WORLEDGE D, PINKARD E A, BEADLE C L, et al. Photosynthetic capacity increases in *Acacia melanoxylon* following form pruning in a two‐species plantation［J］. Forest Ecology & Management,2006,233(2–3):250–259.

［193］ALCORN P J, JURGEN B, THOMAS D S, et al. Photosynthetic response to green crown pruning in young plantation‐grown *Eucalyptus pilularis* and *E. cloeziana*［J］. Forest Ecology & Management,2008,255(11):3827–3838.

［194］WANG Z Y, CHEN X Q. Functional evaluation for effective compositions in seed oil of Korean pine［J］. Journal of Forestry Research,2004,15(3):215–217.

［195］康迎昆,聂维良,邓贵春,等. 截干对红松人工幼龄林侧枝生长的影响［J］. 林业科技,2020,45(01):9–11.

［196］李春俭. 植物激素在顶端优势中的作用［J］. 植物生理学通讯,1995,31(6):401–406.

［197］BANGERTH F. Response of cytokinin concentration in the xylem exudate of bean (*Phaseolus vulgaris* L.) plants to decapitation and auxin treatment, and relationship to apical dominance[J]. Planta ,1994,194(3):439-442.

[198]LI C J, GUEVERA E, HERRERA J, et al. Effect of apex excision and replacement by 1-naphthylacetic acid on cytokinin concentration and apical dominance in pea plants[J]. Physiologia Plantarum,1995,94(3):465-469.

[199]PETERSSON S V, JOHANSSON A I, KOWALCZYK M, et al. An auxin gradient and maximum in the *Arabidopsis* root apex shown by high-resolution cel-specific analysis of IAA distribution and synthesis[J]. Plant Cell,2009, 21(6):1659-1668.

[200]刘进平. 植物腋芽生长与顶端优势[J]. 植物生理学通讯,2007,43(3): 575-583.

[201]BIDDINGTON N L, DEARMAN A S. The involvement of the root apex and cytokinins in the control of lateral root emergence in lettuce seedlings[J]. Plant Growth Regulation,1983,1(3):183-193.

[202]STEAINS K H,PATRICK J W. Auxin-promoted transport of metabolites in stems of *Phaseolus vulgaris* L. : Auxin dose-response curves and effects of inhibitors of polar auxin transport[J]. Journal of Experimental Botany,1987, 38(2):203-210.

[203]段留生,何钟佩. DPC 对棉花叶片发育及活性氧代谢的影响[J]. 棉花学报,1996,8(6):312-315.

[204]PEOPLES T R,MATTHEWS M A. Influence of boll removal on assimilates partitioning in cotton[J]. Crop Science,1981,21(2):283-286.

[205]闫绍鹏,杨瑞华,关录凡,等. 转基因与非转基因杂种山杨组培苗内源激素的比较[J]. 林业科学,2010,46(9): 40-44.

[206]孙毓庆,胡育筑. 液相色谱溶剂系统的选择与优化[M]. 北京:化学工业出版社,2008.

［207］潘瑞炽. 植物生理学［M］. 北京:高等教育出版社,2008.

［208］PEI Z M GHASSEMIAN M,KWAK C M,et al. Role of farnesyltransferase in ABA regulation of guard cell anion channels and plant water ioss［J］. Science,1998,282(5387):287-290.

［209］BEVERIDGE C A ,WELLER J L,SINGER S R,et al. Axillary meristem development. Budding relationships between networks controlling flowering, branching,and photoperiod responsiveness［J］. Plant Physiology,2003,131 (3):927-934.

［210］代晓燕,苏以荣,陈风雷,等. 顶端调控措施对烤烟生长、内源激素及氮钾累积的影响［J］. 中国农学通报,2008,124(8):234-240.

［211］韩锦峰,郝冬梅,刘华山,等. 不同植物激素处理方法对烤烟内烟碱含量的影响［J］. 中国烟草学报,2001,7(2):21-25.

［212］周安佩,刘东玉,江涛,等. 滇杨一年生扦插苗侧芽内源激素含量的变化分析［J］. 北方园艺,2014(4):63-67.

［213］BERNIER G,HAVELANGE A,HOUSSA C,et al. Physiological signals that induce flowering［J］. Plant Cell,1993,5(10):1147-1155.

［214］KING R W,MORITZ T,EVANS L T,et al. Regulation of flowering in the long-day grass Lolium temulentum by gibberellins and the FLOWERING LOCUS T gene［J］. Plant Physiology,2006,141:498-507.

［215］BAO R Y, ZHENG C X. Content changes of several endogenous plant hormones in female-sterile *Pinus tabulaeformis* Carr. ［J］. Forest Science and Practice,2005,7(4):16-19.

［216］KAKIMOTO T. Perception and signal transduction of cytokinins［J］. Annual Review of Plant Biology,2003,54(1):605-627.

［217］李秉真,李雄,孙庆林. 苹果梨花芽分化期内源激素在芽和叶中分布［J］. 内蒙古大学学报(自然科学版),1999(6):741-744.

[218]王清君,刘立波,王洪学,等. 红松松籽经济林培育技术[J]. 中国林副特产,2011(5):60-62.

[219]CURT A. Timing of GA4/7 application and the flowering of Pinus sylvestris grafts in the greenhouse[J]. Tree Physiology,2003,23(6):413-418.

[220]PIJUT P M. Eastern white pine flowering in response to spray application of gibberellin A(4/7) or procone[J]. Northern Journal of Applied Forestry, 2002,19(2):68-72.

[221]BEAULIEU J,DESLAURIERS M,DAOUST G. Flower induction treatments have no effects on seed traits and transmission of alleles in Picea glauca[J]. Tree Physiology,1998,18(12):817-821.

[222]KONG L,VON ADERKAS P,IRINA Z L. Effects of exogenously applied gibberellins and thidiazuron on phytohormone profiles of long-shoot buds and cone gender determination in lodgepole pine[J]. Journal of Plant Growth Regulation,2016,35(1):172-182.

[223]MORITZ T,PHILIPSON J J,ODEN P C. Quantitation of gibberellins A1,A3, A4,A9 and an A9- conjugate in good- and poor-flowering clones of Sitka spruce (Picea sitchensis) during the period of flower-bud differentiation[J]. Planta,1990,181(4):538-542.

[224]CENTENO M L,RODRIGUEZ R,BERROS B ,et al. Endogenous hormonal content and somatic embryogenic capacity of Corylus avellana L. cotyledons [J]. Plant Cell Reports,1997,17(2):139-144.

[225]DOUMAS P,IMBAULT N,MORITZ T,et al. Detection and identification of gibberellins in Douglas fir (Pseudotsuga menziesii) shoots[J]. Physiologia Plantarum,1992,85(3):489-494.

[226]CHRISTMANN A,DOUMAS P. Detection and identification of gibberellins in needles of silver fir (Abies alba Mill.) by combined gas chromatography-

mass spectrometry[J]. Plant Growth Regulation,1998,24(2):91-99.

[227]KAPIK R H, DINUS R J, DEAN J F D. Abscisic acid and zygotic embryogenesis in *Pinus taeda*[J]. Tree Physiology, 1995, 15(7-8): 485-490.

[228]WEISS D,ORI N. Mechanisms of cross talk between gibberellin and other hormones[J]. Plant Physioogyl,2007,144(3):1240-1246.

[229]LUCKWILL L C. Hormones and the productivity of fruit-trees[J]. SCIentific Horticulture,1980,31(4):60-68..

[230]ROSS S D,BOWER R C. Promotion of seed production in Douglas-fir grafts by girdling + gibberellin A4/7 stem injection,and effect of retreatment[J]. New Forests,1991,5(1):23-34.

[231]PHARIS R P. Gibberellins and reproductive development in seed plants[J]. Annual Review of Plant Physiology,1985,36(1):517-568.

[232]CECICH R A. Applied gibberellin A4/7 increases ovulate strobili production in accelerated growth jack pine seedlings[J]. Canadian Journal of Forest Research,1981,11(3):580-585.

[233]Cecich R A,KANG H,CHALUPKA W. Regulation of early flowering in Pinus banksiana[J]. Tree Physiology,1994,14(3):275-284.

[234]孙文生,陈晓阳,高琼,等. 修剪促进红松无性系种子园母树开花效应研究[J]. 吉林林业科技,2005,234(6):19-22.

[235]崔太淑,赵哲南,钱喜令,等. 树冠修剪和切根处理对红松母树雌雄球花分化的影响[J]. 吉林林业科技,2012,41(2):7-10.

[236]孙文生,李凤鸣,王元兴. 红松果材林培育新技术-赤霉素 GA3+GA4/7 诱导红松无性系母树花芽分化研究[J]. 林业实用技术,2014(9):25-27.

[237]MORITZ T,PHILIPSON J J,PER CHRISTER O. Metabolism of tritiated and deuterated gibberellins A1, A4 and A9 in Sitka spruce (*Picea sitchensis*)

shoots during the period of cone – bud differentiation [J]. Physiologia Plantarum,1989,77(1):39-45.

[238]KONG L S,VON ADERKAS P,OWEN S J,et al. Owen SJ. Comparison of endogenous cytokinins, ABA and metabolites during female cone differentiation in low and high cone producing genotypes of lodgepole pine [J]. Trees-Structure and Function,2011,25(6):1103-1110.

[239]OWENS J N,COLANGELI A M. Promotion of flowering in western hemlock by gibberellin A4/7 applied at different stages of bud and shoot development [J]. Canadian Journal of Forest Research,1989,19(5):1051-1058.

[240]EYSTEINSSON T,GREENWOOD M S. Promotion of flowering in young *Larix laricina* grafts by gibberellin A4/7 and root pruning[J]. Canadian Journal of Forest Research,1990,20(9):1448-1452

[241]SAKAKIBARA H. Cytokinins:activity,biosynthesis,and translocation[J]. Annual Review Plant Biology,2006,57(1):431 – 449

[242]WANG Y,ZHANG J,HU Z,et al. Genome-Wide Analysis of the MADS-Box Transcription Factor Family in Solanum lycopersicum [J]. International Journal of Molecular ences,2019,20(12):2961.

[243]ZHANG X D,FATIMA M,ZHOU P,et al. Analysis of MADS-box genes revealed modified flowering gene network and diurnal expression in pineapple [J]. BMC Genomics,2020,21(1).